湖南科技大学学术著作出版专项基金
国家自然科学基金项目(51274096,51374104)资助

基于应力波理论的锚杆支护无损检测机理与应用实践

李青锋　缪协兴　著

·南京·

内容提要

本书采用理论分析、实验研究、数值模拟和现场实测等综合手段对锚杆支护结构参数的无损检测的理论与方法进行了系统的研究，主要内容包括锚杆支护原理及其传统检测方法、锚杆支护系统弹性波检测理论基础、弹性波在非锚固段中的传播规律、锚杆支护系统动力特征的数值模拟、锚杆支护结构的渐进损伤及其检测、锚杆支护无损检测设备与数据处理技术、锚杆支护无损检测技术的应用。

本书可供从事矿山工程、边坡工程和地下工程等与岩石力学相关的高等学校教师及研究生、研究人员和设计人员参考，也可供有关工程技术人员参考。

图书在版编目(CIP)数据

基于应力波理论的锚杆支护无损检测机理与应用实践/李青锋，缪协兴著. —南京：东南大学出版社，2015.9

ISBN 978-7-5641-6022-7

Ⅰ.①基… Ⅱ.①李… ②缪… Ⅲ.①锚杆支护-无损检验 Ⅳ.①TD353

中国版本图书馆CIP数据核字(2015)第218543号

出版发行：东南大学出版社
社　　址：南京市四牌楼2号　　**邮　　编**：210096
出 版 人：江建中
责任编辑：杨　凡
网　　址：http://www.seupress.com
经　　销：全国各地新华书店
印　　刷：江苏凤凰数码印务有限公司
开　　本：700mm×1000mm　1/16
印　　张：9.75
字　　数：197千字
版　　次：2015年9月第1版
印　　次：2015年9月第1次印刷
书　　号：ISBN 978-7-5641-6022-7
定　　价：38.00元

本社图书若有印装质量问题，请直接与营销部联系，电话：025-83791830。

前　言

随着锚杆支护技术的普及，锚杆支护巷道由准备巷道发展到回采巷道，由实体巷道发展到沿空巷道，由小断面巷道发展到大断面巷道，由简单围岩条件巷道发展到复杂围岩条件巷道。同时，随着开采深度和开采强度的加大，煤矿锚杆(索)支护锚固结构在采动压力作用下时常发生锚固损伤甚至失效，最终影响巷道围岩的稳定性，甚至发生锚杆支护巷道冒顶事故；这种冒顶有的发生在巷道成巷期间，有的发生在掘进施工期间，有的发生在回采期间，鉴于此，作者提出了如何方便有效地对锚杆支护结构参数和支护结构受力实施监测的难题。目前，锚杆支护结构参数检测和支护结构的受力监测，主要由测力锚杆、液压枕和锚杆拉拔计等来实施，这些检测方法与手段难以实施大规模的、随机性的锚杆支护结构参数检测和支护结构的受力监测，且其中测力锚杆、液压枕为指定性监测，无法在施工后安装检测设备，采用锚杆拉拔计易使被测锚杆的支护作用丧失，属有损检测。

众所周知，煤矿巷道锚杆支护结构属隐蔽工程，且其在原岩应力、构造应力、采动应力等多种应力场作用下的损伤模式和承载模式非常复杂，为保障煤矿巷道安全使用，非常有必要准确获知锚杆支护巷道在不同服役期间的工作状态。目前，在役巷道锚杆支护结构工作状态监测仍然存在着一系列未能解决的问题，包括煤矿在役树脂锚杆支护系统的振动和波动机理、锚杆支护结构的渐进损伤机理、锚杆支护结构锚固参数的无损检测与监测原理、锚杆支护无损检测技术与装备、数据处理技术与方法等。因此，本书在总结前人工作的基础之上，以动压巷道锚杆支护结构为研究对象，首先，根据煤矿锚杆的结构及受力特点，建立了锚杆纵向和横向振动的力学简化模型，分析得到了锚杆的固有频率、弹性波沿锚杆轴向的传播速度、锚杆的工作阻力等参量间的相互关系；并综合应用理论分析和数值模拟方法，研究得到了弹性波在锚杆支护系统中的传播特性，揭示了锚杆支护结构参数无损检测的力学机理。然后，根据煤矿锚杆的实际工作环境，建立了锚杆支护系统动静组合的数值计算模型，分析了锚杆支护结构在静、动力载荷作用下的损伤特性和锚杆支护系统的动力特性，得到了锚杆支护系统的固有频率的分布特征及锚固段的锚固性能、托板作用状况等对锚杆支护系统的固有频率及响应影响规律。最后，自行设计开发了锚杆支护质量无损检测的试验系统并进行了现场实测。

书中的很多研究成果来源于王庄矿、埪城矿、济三矿等的第一手资料，在此衷心感谢王庄矿、埪城矿、济三矿的有关管理与工程技术人员。本书的出版得到了国家自然科学基金项目(51274096,51374104)资助，在此一并表示感谢。书中引用许多国内外专家和学者的文献资料，对这些专家和学者亦表示诚挚的谢意。

由于作者水平和学识所限，书中难免存在错误和疏漏之处，恳请专家、读者不吝批评和赐教。

著　者

2015年3月

目　录

第一章　绪论

第一节　采动巷道锚杆支护无损检测的意义

我国是世界煤炭生产大国，2002 年全国煤炭总产量近 14 亿 t，2003 年增至 16.67 亿 t，居世界首位。另外，我国国有煤矿全年巷道总进尺在 1 万 km 以上，全年锚杆用量在几千万根以上，在这几千万根锚杆中有多少锚杆对地下巷道起到主动加固作用，谁也无法回答。然而据统计，在国有重点及国有地方煤矿的顶板事故中因锚杆失效而造成的事故占有相当大的比例。进入 20 世纪 90 年代以来，随着我国煤巷锚杆支护理论及设计方法的不断完善，新的支护材料和支护器具不断研制成功并投入使用，煤巷锚杆支护以其成熟的技术、优越的经济性已成为煤矿巷道支护的一种重要支护形式之一。近年来随着煤巷锚杆支护巷道由准备巷道发展到回采巷道；由实体到沿空；由小断面到大断面；由简单条件到复杂条件，应用越来越广泛，煤巷锚杆巷道冒顶事故时有发生，且煤巷锚杆支护巷道冒顶范围一般较大，少则几米，多则 20～30 m，甚至 50 m 以上，基本都在巷道成巷部分，有的是掘进施工期间的成巷，有的发生在回采期间。如某矿区自 2000 年以来，先后发生 8 次掘进工作面后方冒顶堵人事故，回采巷道冒顶、安装工作面垮面等大面积冒顶事故，造成 1 人死亡。下面对国有重点煤矿的一些典型事故进行分析。

某矿 2003 年 3 月在 5601 顺槽施工中发生了一起严重的冒顶事故，造成一死一伤，血的教训令人心痛。该事故的主要原因是由于断层影响，顶板变化较大，局部较为破碎，而采用的普通树脂锚杆预拉力不足。

某矿 2001 年 6 月在 3208 工作面顶板排放瓦斯巷中发生一起严重冒顶事故，其冒顶范围大，巷道冒顶长达 80 m，且呈突发性；冒顶初期表现为厚约 1 5 m 的直接顶出现弯曲、张裂、拉断，进而出现顶网坠兜，致使顶网在托板处撕裂而发生冒顶；冒顶原因分析是：支护参数不合理，锚固力低，缺乏必要的监测手段。

2003 年某集团公司某矿残掘二区施工的一条综采机巷发生了一起冒顶堵人事故，自扒矸机前 3.2 m 到迎头向后 6.4 m、长 7.8 m 的范围内顶板全部冒落，初始冒高最大 5.5 m，冒宽 2.8～3.6 m。从冒顶现场看，锚杆、锚索的锚固长度未按设计要求施工，按照设计要求，每孔三支药卷，锚杆的锚固长应 1.8～1.9 m，锚索约 1.3 m；而实际回收 40 根锚杆，其中 30 根的锚固长在 1.0～1.3 m 之间，10 根仅 0.6～0.8 m，明显不符合要求，锚索的锚固长均约 2.4 m，远大于 1.3 m；据此可推断，在锚杆安装时，锚固剂数量不足，75%的锚杆是两支，30%的锚杆仅一支。而锚索在施工过程中，锚固剂中途损失一部分，锚固段不实，锚固效果不理想，抗拉强度降低。

某矿自投产一年内共发生煤巷锚杆支护冒顶事故5起，大型冒顶事故3起。从对煤巷锚杆支护冒顶的原因分析可以看出：地质条件的变化是5次冒顶的主要原因，其次是动压影响。当然，人的因素也是一个重要方面，技术管理、支护材料管理、现场管理等诸多管理方面存在着不少问题。因此，必须加强顶板检测，对顶板实施有效检测也是预防冒顶事故的一个重要手段，正常巷道进行日常检测，特殊区域的巷道进行重点检测。

从以上几起典型事故的原因来看，造成锚杆支护巷道失稳的原因主要有以下几个方面：

(1) 支护设计上强度不够，锚杆的承载力过低。

(2) 树脂药卷与杆体的黏结强度不够，即锚固密实度差。

(3) 地质条件差。锚固段围岩存在弱岩、断层、节理等，从而造成树脂与围岩黏结强度低、密实度差。

(4) 施工质量差。如锚固长度未达到设计要求或锚固位置前移(锚固剂未锚固在杆体的尾部)等。

(5) 地应力影响。当施工巷道位于动压、冲击地压影响区时，受压力影响，锚固范围内及以上岩体破坏，形成垂直裂隙，锚杆不能支撑强大的地应力，造成大面积冒顶。

从上面几个问题可以看出，在生产管理中，存在质量控制问题，没有建立健全质量监控体系，尤其是忽视成巷后的长期监测监控，出现问题得不到及时处理，最终导致冒顶。为保证巷道后路的支护安全，应建立支护效果评价与监控体系，对煤锚巷道进行全过程的监控。归根结底就是目前缺乏有效、方便、及时、快速的无损检测手段。

目前锚杆支护的现场监测主要靠深孔多点位移计、位移收敛计、顶板离层指示仪、扭矩扳手、测力锚杆、拉拔计等设备。上述监测设备从功能上可分成两大类：顶板稳定性监测和受力检测。对顶板稳定性监测主要采用顶板离层仪、多点位移计、位移收敛计等方法，事故预警往往不及时，时效性差，同时这些方法对顶板事故预警的准确率也低，往往因安装原因造成顶板离层仪、多点位移计并不起作用。测力锚杆、拉拔计这两种受力检测手段只能进行点检测，并不能实行面检测，又利用液压千斤顶进行拉拔试验，这种检测手段既费工又费时，更重要的是这种检测手段对经锚杆加固的巷道产生较强的扰动，降低了锚杆对围岩的加固作用，而且仅限于个别抽查；对于扭矩扳手这种检测手段，其对预应力的检测的准确率太低，只能作为辅助手段。因此，对锚杆现场无损检测技术的研究是矿业与岩土工程界的一个急需解决的课题，它对于安全生产、保障施工质量都具有重要意义。

随着岩石动力学的研究深入及其在岩土工程中应用的开展，以及现代智能技术的蓬勃发展，使得采用波动理论的方法解决锚杆无损检测这一难题成为可能。

当前，基于一维波动理论的桩基无损检测技术在我国已发展较为成熟，对于锚杆，不论从理论上讲，还是从几何形状、材质、受力情况等方面，比桩基更符合一维弹性杆的波动理论，但是，锚杆是在工作状态（承载）下进行检测，其轴向载荷的大小及端部托板的影响不容忽视。本书将在目前研究现状的基础上，基于一维波动理论和结构动力学原理，通过波形识别和模态分析，最终解决锚杆（索）长度、锚固长度、极限承载力和工作载荷的快速无损检测。可以预料，只要检测水平达到一定程度，锚固技术将以独特的经济效益、简便的工艺、广泛的用途、经济的造价，在采掘工程与岩土工程领域中显示其旺盛的生命力。

第二节　矿井锚杆(索)支护质量检测技术现状

目前，锚杆支护已成为煤矿巷道的主要支护形式。但由于煤矿巷道工程的特点、地质复杂、采动影响等因素，工程质量控制比较困难，工程质量问题经常发生。因此，如何保证和提高锚杆支护工程质量，仍是煤矿巷道支护亟待解决的问题。据一些矿区的不完全统计，锚杆支护巷道中年维修量均在20%以上。锚杆支护巷道经常出现开裂、脱落和破坏现象，甚至发生顶板冒落等质量事故。产生这些问题的原因是多方面的，工程质量差、不符合设计和工程质量标准的要求是主要原因。实践证明，要保证锚杆支护质量，对质量的检测、评价是不可缺少的。锚杆支护检测是研究支护方式、原理，检验支护效果，判断巷道稳定性，保证安全生产的重要手段。在井巷工程的设计和施工过程中，检测工作通常要经历三个阶段：施工前，通过量测获得设计所需要的岩体性质、原岩应力状态等资料数据；施工中，通过检测可以验证设计的正确性，检验支护质量，为修改设计提供科学依据，根据表面位移等监测数据进行反演分析，得到岩体的力学参数；施工后，通过检测，可以全面检查锚杆支护巷道的支护工作状态，监控巷道所受到的采动影响，掌握其围岩的变形规律，以确定巷道的稳定程度，及时采取措施。检测的根本目的是为了确保支护巷道实现安全、优质、快速、低耗。锚杆支护检测的内容主要包括：岩体位移监测、顶板离层监测、围岩深部位移监测、锚杆受力监测。

巷道表面相对位移是指巷道开挖后一定时间内巷道顶底板和两帮的相对位移量，其主要监测仪器有钢卷尺和收敛计，用于监测内部相对位移的仪器较多，国内外使用较多且较成熟的是单点、两点及多点位移计，用以实测岩体内部的径向位移。

锚杆工作状态与安装质量的检测与监测是锚杆支护中的一项最基本的工作。对于全长锚固锚杆，量测的目的是弄清锚杆受力状态，了解锚杆轴向力随围岩变形的增长情况，并借以评价或修改锚杆支护参数；对于端头锚固锚杆，量测的目的是了解锚杆实际受力状态，判断其安全程度，以及是否出现预应力松弛。

目前主要利用扭矩扳手、测力锚杆、拉拔计、钢弦计、液压枕式测力计等进行受力检测。扭矩扳手测力只能通过测试锚杆安装时的扭矩来估算预紧力，其准确率低。测力锚杆测力是通过贴有应变片的特殊锚杆测知这根锚杆在围岩内的受力状况，不能对任意一根普通锚杆进行受力监测。钢弦计、液压枕测力计测力是将它们安装在围岩与托板之间，根据锚杆受力后钢弦计的频率或液压枕的压力来测知锚杆的受力状况，也不能实现对任意一根锚杆进行受力监测。测力锚杆、拉拔计这两种受力检测手段只能进行点检测，并不能实行面检测，拉拔计测力是利用液压千斤顶进行拉拔试验来测定锚杆的锚固力（最大承载能力），无法检测锚杆的受力状态，且这种检测手段既费工又费时，更重要的是这种检测手段对经锚杆加固的巷道产生较强的扰动，降低了锚杆对围岩的加固作用，而且仅限于个别抽查。从以上分析可知，目前还没有一种方法能够随机无损检测锚杆锚索的受力状态。

在锚杆动力检测方法方面，国内外专家在检测方法方面做了许多卓有成效的工作。声波法是工程界目前普遍采用的锚杆锚固质量的无损检测方法。虽然也有人在利用电磁法检测锚杆锚固的质量方面做了一些理论研究工作，但离现场应用仍有一定距离。电磁法的具体做法是：在最简化物理模型基础上推导出对锚杆加载交变电流时，地面磁感应强度分布规律的公式，据此正演计算并作出了几组磁感应强度归一化曲线，提出磁感应强度曲线计算机拟合反演方法，可望检测出空锚段比例和空锚段的位置，成为锚固质量检测的一种新的技术方法。声波法检测锚杆长度的理论依据是波在杆中传播的运动学特性（反射回波的垂直双程旅行时间）。具体做法是在锚杆顶端施加一瞬态激振力，由布设在锚杆顶端的一个传感器接收反射信号，通过对所接收的反射信号进行时域、频域分析，以获得锚杆的有效锚固长度、振动频率等参数，并据此对锚杆的锚固质量进行评价。

1978 年，瑞典的 H. F. Thurner 提出用测超声波能量损耗的原理来检测锚杆灌注质量，并由 Gendynamikab 公司据此于 1980 年推出了 Boltmeter Version 检测仪。该仪器主要用于水电、隧道、公路施工用的锚杆。锚杆的安装采用水泥或树脂进行全长黏结，不安装托盘，没有预紧力。该仪器是利用一个由压电晶体构成的传感器紧贴在锚杆外部端头平面上，压缩和弯曲弹性波就会传入金属杆体中，沿着锚杆传播的波，部分能量要通过灌浆体进入岩石，因此波幅要减小。波在锚杆里端发生反射，反射波将由锚杆外端的压电晶体接收记录。如果锚杆周围灌浆体完全填满，也就是质量好时则反射波的幅度就比灌浆不足或不良时要衰减得多。该方法主要有三个问题：一是超声波衰减严重，只能对短锚杆，而且锚固介质单一的锚杆适用；二是对锚杆端头要求苛刻，即在现场要对锚杆端头重新机械加工打磨平整，压电晶体才能将超声波发射耦合进入杆体；三是仪器采用被测锚杆与标准锚杆底端反射的幅度比来度量锚固质量是不可靠的，因为传感器所测的振动幅度与耦合条件直接相关，但耦合条件是随时变化的，即使是同一根锚杆，不同的人安装传感器都会得到不同的耦合条件。

20 世纪 80 年代末，美国矿业管理局开发出能检测锚杆应变和长度的超声波仪器,但它无法评价锚杆的施工质量。超声波方法的缺陷是衰减过快,对于长锚杆的检测是无能为力的,且激发条件苛刻又不能做出定量化评价。为了得到比较好的超声波信号,锚头必须磨平,故现场不适用。英国在锚杆无损检测方面的相关研究从 1986 年已经开始,经过十多年的研究,英国伦敦大学的 M. D. Beard 博士等人利用导向超声波来对锚杆进行检测,形成了 GRANIT^{R} 型锚杆无损检测仪器。该仪器已经通过了实验室试验和现场施工检验,具有较高的可靠性,但没有完成商业化开发,因此不能从市场买到,其测试结果的准确程度和实用性无法得到验证。该仪器主要检测的对象为煤矿、隧道等所用的锚杆,锚杆的安装采用加长树脂锚固,安装托盘,施加预紧力。检测的指标为未锚固长度和托盘承受的压力。该仪器配备了专门的应力波激振装置进行激振,使用了加固式计算机进行数据采集和处理,采用了复杂的数值模拟及人工智能技术分析锚杆-树脂-围岩系统的振动信号。通过对信号相速率、能量速率、衰减系数的频散曲线进行分析,并综合考虑了围岩岩石模量、环氧层模量及厚度、锚固质量等因素对测试结果的影响,得到了在高频和低频时最为理想的超声波激振频率,研究认为:在低频时,宜采用 40 kHz 脉冲进行检测;在高频时,2MHz 是一个比较理想的激振频率。在实际中,采用高频和低频相结合的方法,且通常只能对 3.0 m 以内的锚杆进行检测。

Vrkljan 在实验室用不同锚固长度的锚杆进行共振实验,实验显示共振频率和锚固长度具有线性相关关系,并据此关系提出用共振频率描述有效锚固长度。有些研究者还用一些电磁的技术对锚杆锚固质量的无损检测进行了有益的探讨,如把锚杆作为一个天线,Agnew 对这个问题进行了实验室研究,实验证明,这一技术可以成功地测试锚杆的长度,但并不适用于测试锚杆的锚固质量。

在我国,20 世纪 80 年代末,铁道科学院曾在仿效瑞典所用方法的基础上做了一定的改进,改用能量相对一致的机械式撞击方式激振,研制了 M-7 锚杆检测仪,增大了有效检测长度,为后继锚杆无损检测仪器的开发与技术的发展奠定了基础。1992 年淮南矿业学院汪明武等人通过模型试验,分析了声频应力波在锚固体系中的反射相位特征和能量衰减变化规律,探讨了测定锚固力的无损拉拔试验,并于 1996 年推出了 MT-1 型锚杆检测仪,该仪器在实践中的应用推动了锚杆无损检测技术的进一步发展。焦作工学院的夏代林等人提出将声波在锚固系统中的能量特征与相位特征相结合的方法来综合评价锚杆锚固质量,其依据是锚固系统中锚固缺陷存在时,声波在缺陷处不仅有能量变化,而且有相位突变;同时,夏代林等人也开发了相应的检测仪器和超磁激振装置用于水利工程中的锚杆检测,取得了较好的效果;但是,在对煤矿预应力锚杆的无损检测中,检测波形比较难以识别,检测精度低。近年来,山西太原理工大学的李义教授等人利用应力波反射法,通过分段截取找出了锚杆底端反射的显现与否与锚杆自由段长度、波长之间的定量关系,不仅在理论上,而且通过实验室模拟试验,验证了锚固段内波速要发生变化,提出固结波速的概念,并且验证了其速度范围介于锚杆杆体波速和锚固介质波速之间。朱国维等人针对煤矿井下常用锚杆的类型及其锚固状况,设计制作了相似的物理模型,并且研制了一种弹射式加速度检波器,以便在锚杆端头激发并接收高频应力波。

在锚杆检测技术的工程应用方面,国内外许多单位和个人也做了大量的研究工作。在国外,Beard、Rodger、Neilson、Starkey 等人用 GRANIT[R] 仪器进行了锚杆非破损动力测试尝试。在国内,长江科学研究院岩基研究所的汪天翼等、中南勘测设计研究院的邬钢等、国家电力公司贵阳勘测设计研究院的皮开荣等,他们结合工程的实际情况,制作了大量的模型锚杆,通过模型试验,进行了大量的现场试验研究,并对现有的一些检测方法进行了改进,总结出了一套在实际工程中行之有效的经验,并且提出了一些问题,为锚杆检测技术研究的迅速发展起到了巨大的推动作用。但是,这些现场检测实践都是针对边坡、隧道、水利工程中的非预应力锚杆的无损动力检测,而煤矿大量使用的是带托盘的预应力锚杆,对预应力锚杆的现场检测目前很少有人做这方面的工作。

第三节 动力检测理论研究现状

一、弹性波检测理论研究现状

目前,大多数学者把锚杆锚固质量动力检测的理论求解归结为不同边界条件、柱坐标下的波动方程的求解。原则上讲,在锚杆顶端所接收到的反射波信号是施于锚杆顶端的瞬态激振力、锚杆-树脂-围岩系统自身的振动特性以及传感器特性等因素的综合反映。但在众多因素中,锚杆-树脂-围岩系统自身的振动特性是判断锚杆锚固质量优劣的决定性因素。因此,从理论上研究锚杆-树脂-围岩系统在各种激振力作用下的振动特性是很重要的。此外,在运用信号处理手段分析和确定那些突变点或特征点与锚固质量的对应关系时,无论采用什么手段,都必须以正确的锚杆-树脂-围岩振动理论为基础。由此可见,锚杆-树脂-围岩系统的理论研究,对锚杆-树脂-围岩系统受激振动的应力波信号的测试、处理和解释等有着重要的指导意义。但是,由于问题的复杂性,锚杆锚固质量弹性波检测技术的理论研究工作目前进展不大。现行的理论研究工作基本上都是借鉴“小应变动力测桩技术”的理论:将锚杆视作一维弹性杆状体建立数学模型,考虑到激振力产生的纵波波长比锚杆半径大得多,因而忽略系统的横向位移,通过求解包含激振振源作用在内的纵向一维波动方程的解,获得锚杆系统的动力响应。而对于锚固介质和围岩的影响,现有的理论研究工作者大都是将其作为一个在纵向上存在的黏滞摩擦阻力来考虑的。另外,上述这些理论模型都是基于边坡、隧道、水利工程中的非预应力锚杆来进行研究的,而煤矿大量使用的是预应力锚杆,针对预应力锚杆的振动系统模型,目前还没有公认的理论计算模型。

对于预应力对锚杆-树脂-围岩系统的波形及频率的影响,国外只有一些相关的文献可查。如，D. D. Tannant 等研究了锚杆在动力载荷(采动应力、冲击应力、爆破)作用下的横向、纵向动力响应及其对锚固力的影响。Ana Ivanovic 等研究了锚杆在工作载荷作用下的频率响应，并指出：不同的工作载荷对频率的影响不成比例，低阶频率影响大，高阶频率影响小，如图 1-1 所示；Ana Ivanovic 等研究了非锚固段长度与锚固段长度的比值对锚杆振动频率的影响，如图 1-2 所示；Connolly 利用有限元模拟了非锚固段长度与锚固段长度的比值对锚杆振动频率的影响，如图 1-3 所示；Ana Ivanovic 等研究了预应力对锚杆振动阻尼的影响，如图 1-4 所示。

从图 1-1、图 1-2、图 1-3、图 1-4 可知，预应力不仅对锚杆振动系统频率有极大影响，而且影响振动体系的阻尼；锚固长度越长，系统振动频率越高。因此必须针对我国煤矿的特点，有的放矢地研究锚固长度、预应力对锚杆振动系统的影响。

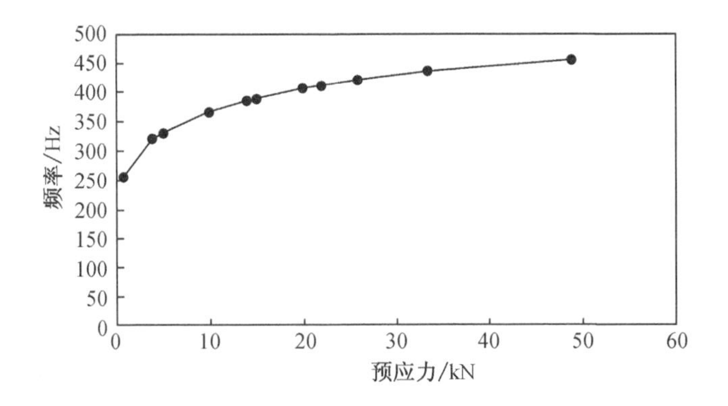

图 1-1 预应力与频率的关系

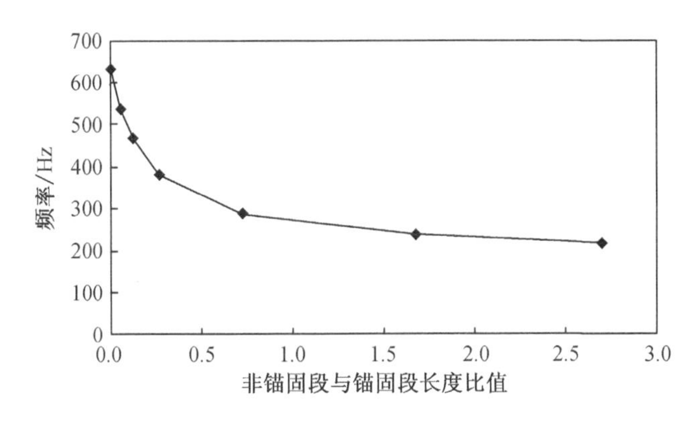

图 1-2 非锚固段、锚固段长度比值与频率的关系

对于波在锚杆振动体系中的传播速度与振动频率之间的关系，加拿大的 D. H. Zou、V. Madenga 等人通过数值模拟和实验室试验得到了超声导波频率由 20 kHz 变化至 75 kHz 时，群波波速由 2 500 m/s 增加到 4 000 m/s 左右，而当频率由 75 kHz 继续增大时，其群波波速反而降低。在我国，林华长、王成、魏立尧等

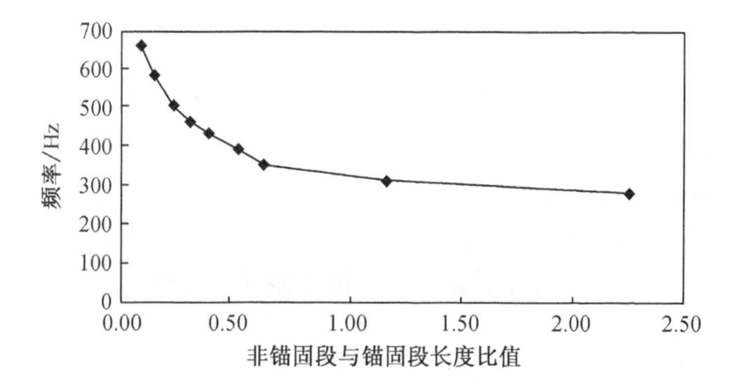

图 1-3　非锚固段、锚固段长度比值与频率的关系

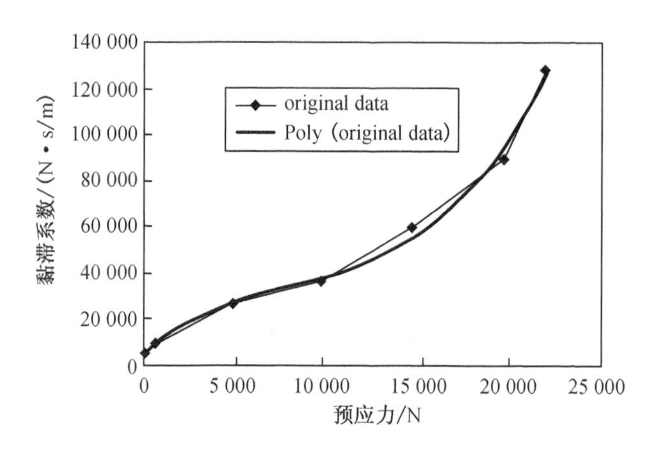

图 1-4　预应力与阻尼的关系

人也做了这方面的研究，获得了较为类似的结果。

关于锚杆锚固体系一维问题的研究，我国大多数学者把主要精力都集中在围绕着如何更加合理地处理边界条件或寻求更精确的算法这类问题进行研究的。如2000年王成等人将锚杆的振动波动方程考虑为线性的，而将锚入岩土中的锚杆一端的边界条件看做非线性的，即：

$$\begin{cases}\dfrac{\partial u(0,t)}{\partial x}=0\\ EA\dfrac{\partial u(l,t)}{\partial x}=-k_1u(l,t)-k_2u^3(l,t)-G_1\dfrac{\partial u(l,t)}{\partial t}-G_2\left[\dfrac{\partial u(l,t)}{\partial t}\right]^3\end{cases}\tag{1-1}$$

式(1-1)中，E、A、l 分别为锚杆的弹性模量、截面积和长度；k_1、k_2 为锚固介质的弹性系数；G_1、G_2 为锚固介质的阻尼系数。然后用摄动法求解线性波动方程，得到了锚杆体系的动力学方程的近似解。

太原理工大学的高国付等人在考虑预应力锚杆的纵向振动时，将预应力锚杆的纵向振动仍简化为一维杆振动，振动位移解为：

$$
\begin{aligned}
u(x,t) &= X(x)\cdot(A\cdot\cos\omega t + B\cdot\sin\omega t) \\
&= \left(C\cdot\cos\frac{\omega}{v_c}x + D\cdot\sin\frac{\omega}{v_c}x\right)\cdot(A\cdot\cos\omega t + B\cdot\sin\omega t)
\end{aligned} \tag{1-2}
$$

只是在边界条件处理上把预应力锚杆的边界条件认为是一端固定、一端受拉力 F(预应力)，即：

$$
\left\{\frac{\mathrm{d}X}{\mathrm{d}x}\right\}_{x=0} = 0, \left\{\frac{\mathrm{d}X}{\mathrm{d}x}\right\}_{x=L} = -F \tag{1-3}
$$

并据此边界条件给出了锚杆的工作载荷与振动频率(基频)之间成幂函数关系，即：

$$
F = EA\frac{L^2}{2}\left(\frac{2\pi f}{v_c}\right)^3 - EA\frac{2\pi f}{v_c} \tag{1-4}
$$

从边界条件处理上看，把边界条件一端简化为一端受拉力是不妥的，因为预应力施加过后，实际上是在端部有一初始位移，拉力并不是恒定不变的。从能量上看，由于入射波到达螺母和托盘位置时，入射波的能量分配受到托盘的形状、大小、厚度以及所施加的预应力值的影响，其反射回波的能量因之受到很大影响。

2002 年杨湖等人利用等效模型的思想将围岩对锚杆的作用简化为一个线性弹簧和一个与速度有关的阻尼器，建立起锚杆围岩系统在瞬态激振下的一维阻尼波动方程：

$$
\frac{\partial^2 u(x,t)}{\partial x^2} - \frac{1}{v_c^2}\frac{\partial^2 u(x,t)}{\partial t^2} - \frac{k}{EA}u(x,t) - \frac{c}{EA}\frac{\partial u}{\partial t} = 0 \tag{1-5}
$$

其在研究中采用瞬态冲击锚杆顶面的激振方式，锚杆振动的初始位移和初始速度分别为：

$$
\begin{cases}
u(x,0) = 0 \\
\dfrac{\partial u(x,0)}{\partial t} = \dfrac{I\delta(l-x)}{\rho A}
\end{cases} \quad 0 \leqslant x \leqslant l \tag{1-6}
$$

同时考虑了锚杆底端固定、顶端自由的振动边界条件为：

$$
\begin{cases}
u(0,t) = 0 \\
\dfrac{\partial u(l,t)}{\partial x} = 0
\end{cases} \quad t > 0 \tag{1-7}
$$

和考虑了锚杆底端弹性支承、顶端自由的振动边界条件为：

$$
\begin{cases}
\dfrac{\partial u(0,t)}{\partial x} = 0 \\
\dfrac{\partial u(l,t)}{\partial x} = -\dfrac{k_0}{EA}u(l,t)
\end{cases} \quad t > 0 \tag{1-8}
$$

并求出了该方程在上述边界条件下的解析解。

2003 年许明等人对于杆长为 l 的锚杆，建立纵向振动的运动方程为：

$$
\frac{\partial^2 u(x,t)}{\partial t^2} = \frac{E}{\rho}\frac{\partial^2 u(x,t)}{\partial x^2} - \frac{R}{\rho A} \quad (0 \leqslant x \leqslant l, t \geqslant 0) \tag{1-9}
$$

其初始条件：

$$\begin{cases} u(x,t)=0 \\ \left.\dfrac{\partial u(x,t)}{\partial t}\right|_{t=0}=0 \end{cases} \tag{1-10}$$

边界条件：

$$\begin{cases} u(0,t)=U(t) \\ u(l,t)=0 \end{cases} \tag{1-11}$$

式(1-11)中，$U(t)$为锚头位移，可通过加速度传感器获得。然后通过将非齐次边界条件齐次化的方法，推导了一维非齐次波动方程在有界域情况下的解析解，同时也用有限元数值方法进行了计算。

2005 年钟宏伟等将锚杆锚固介质围岩系统看做是无限均匀介质包围的两层固体圆柱模型(图 1-5)，最内层为圆柱形锚杆，它在 z 方向上为无限长，其内径为 a。

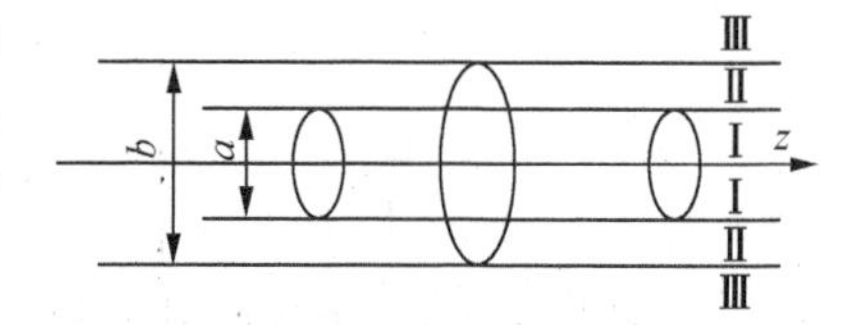

图 1-5 锚杆锚固体系的数学模型

用势函数表示的三个区在柱坐标系下的波动方程为：

$$\begin{cases} \dfrac{\partial^2 \varphi_i}{\partial r^2}+\dfrac{1}{r}\times\dfrac{\partial \varphi_i}{\partial r}+\dfrac{\partial^2 \varphi_i}{\partial z^2}=\dfrac{1}{v_{pi}^2}\times\dfrac{\partial^2 \varphi_i}{\partial t^2} \\ \dfrac{\partial^2 \vec{\psi_i}}{\partial r^2}+\dfrac{1}{r}\times\dfrac{\partial \vec{\psi_i}}{\partial r}+\dfrac{\partial^2 \vec{\psi_i}}{\partial z^2}=\dfrac{1}{v_{si}^2}\times\dfrac{\partial^2 \vec{\psi_i}}{\partial t^2} \end{cases} \tag{1-12}$$

式(1-12)中，φ为纵势，ψ为横势，下标 $i=1,2,3$ 分别表示Ⅰ、Ⅱ、Ⅲ区。式(1-12)只能给出数值解。

简言之，目前锚杆质量弹性波检测的理论研究都没有考虑预应力的影响。上述研究对边坡、水利及隧道工程的非预应力锚杆的检测起到一定的促进作用，但对于煤矿用的预应力锚杆指导意义不大。因此，必须建立预应力振动理论模型，从时域、频域上分析预应力对锚杆振动频率及时域波形的影响。

二、锤击脉冲的力学性能研究现状

当前，"瞬态激振"是测量和评估结构动力特性普遍采用的激振方法，而用力锤敲击产生脉冲激振的方法应用最为广泛。与稳态(正弦激励)激振相比，其优点是：激励设备简单，造价低，使用方便，对工作环境适应性强，且可以避免采用激振器带来的附加阻尼(以及附加质量)的不良影响，特别适用于中、小型的小阻尼结构的动特性测试。在进行撞击载荷下力学测试及定量分析中，要求每次冲击的速度恒定，只有每次冲击速度一样，才可能得到同样的撞击载荷。弹性体的撞击是一个较复杂的非线性力学现象，事实上，力锤的锤击头都为球面，其与杆的撞击面不可能绝对光滑平行，也不可能在瞬间同时全面接触，力锤与杆的撞击接触面存在一个由小到大和由大到小的局部变形，在应力波波形上表现为非阶跃的圆滑过渡段。

陈久照等将冲击过程的弹性集中在桩与锤之间的冲击垫的刚度 k 上，将锤体视为刚体，理论推导了锤重、冲击速度、冲击垫刚度、冲击垫厚度与脉冲宽度的关系，对指导桩基检测有极大的促进作用。

评价振源效果的主要指标是振源形态、脉冲宽度以及幅值谱图中的主瓣宽度，理论和实践表明：激振效果的好坏，主要受碰撞材料的重量、硬度、弹性模量、接触面积以及碰撞方向和碰撞速度等的影响。材质越软，碰撞速度越低(提升高度低)，锤体的重量和几何尺寸与锤击对象间越匹配，信号的脉冲宽度就越大，覆盖的高频成分也就越少。上述现象可由重锤敲击桩的振源脉冲宽度经验公式得到解释：

$$\tau = 5.97\left[\rho_s\left(\frac{1-\mu_s^2}{\pi E_s}+\frac{1-\mu_p^2}{\pi E_p}\right)\right]^{2/5}\frac{R}{h^{0.5}} \tag{1-13}$$

式(1-13)中，R 为碰撞接触面积的有效半径，h 为锤体提升高度，ρ_s、μ_s、E_s为重锤的材料常数，μ_p、E_p为桩的材料系数。

在锚杆检测中，要求激振的频带宽度在 8 kHz 以上，而一般的力锤很难激振出这个频率。同时，锚杆外露端端面能供激振的面积很小，给人为控制力锤激振的速度带来较大困难，从而引起用力锤每次激振的波形不一致，因此非常有必要研制一种能量可控、频率可调的激振装置，以保证每次对同一根锚杆激振的波形是一致的。

三、数据处理的研究现状

因受试验结构本身、测试仪器及电源、环境等因素的影响，检测仪器采集到的信号往往都混有大量噪声，因此非常有必要对仪器采集到的信号进行预处理后，才能进行各种数据处理。同时，在各种数据处理方法中，不同的案例需要采用不同的分析方法。目前，在锚杆动测数据的预处理和数据处理上，国内外专家进行了多方面的研究。在国外，Starkey 等人应用人工神经网络分析锚杆-树脂-围岩系统的振动信号，通过训练人工神经网络演算出锚杆长度、锚固长度及轴向工作载荷。在国内，重庆大学的许明等人将岩石声波测试技术应用到锚杆的无损检测中，通过测定锚杆的振动响应来估计和判断锚杆的锚固质量，并将小波分析和神经网络等信号分析技术应用到较复杂检测信号的分析中。1999 年，南京大学、淮南工业学院利用 BP 网络分析进行锚固质量评价，分析结果与拉拔试验的评价结果较吻合。2002 年，大连理工大学利用小波分析检测锚杆的长度及缺陷，提取实测信号所包含的对应于缺陷部位的应力波反射特征信息，再现了反射波信号在时间轴上的规律性，消除了由实测信号直接读取存在的潜在错误。2004 年，长江工程地球物理勘测研究院(武汉)利用瞬时谱分析方法判断锚杆检测信号的反射特征，实测效果较好。

检测信号的时域特征在分析判断锚杆的长度上是足够的，但是，对锚杆的受力状态的判断，离不开锚杆系统振动的固有频率，因此非常有必要对时域信号进行时-频变换。目前普遍使用的快速傅立叶变换(Fast Fourier Transform,简称 FFT)是离散傅立叶变换的一种特殊情况,它大大提高了运算速度,但频率分辨率受到了一定的限制。通过细化 FFT 可在一定程度上提高频率分辨率,但必须以成倍地加长采样数据长度为前提,要细化两倍,采样数据长度也必须是原来的两倍;要细化四倍,采样数据长度必须是原来的四倍。采样数据长度恒定或对瞬态信号分析时,常规细化 FFT 就无能为力。在不增加采样数据长度的前提下,将离散的傅立叶变换频域曲线,变成连续的曲线,理论上是可行的,它克服了频率分辨率的限制,但计算工作量大大增加。随着计算机技术日新月异的发展,计算机运算速度越来越快,利用连续的傅立叶变换频域曲线,对 FFT 谱的指定区域,特别是对一个 ΔT 间隔内,进行指定密度的细化,是完全可行的,且具有十分重大的工程意义。用连续傅立叶变换计算 FFT 谱局部区间的频率细化计算方法,是一种以 FFT 变换为主,连续的傅立叶变换为辅,两者相结合的新计算方法,可以简称为 FFT-FT 新算法。本方法可以在不增加采样长度的前提下,大大地增加频率分辨率,提高谱值和相位的计算精度。在现阶段微机速度大大提高的基础上,采用分段细化的方式,增加的计算时间是可以接受的。显然,FFT-FT 算法是以牺牲运算处理速度为代价的,只有努力提高其运算处理速度,才能使其在频谱分析领域占有一席之地。

第二章　锚杆支护技术简介

第一节　概述

一、锚杆支护

我国从1956年起在煤矿岩巷中使用锚杆支护，至今已有40多年的历史。进入“九五”期间，原煤炭工业部将“锚杆支护”列为煤炭工业科技发展的五个项目之一，展开了更深入、细致的试验研究。经过教学、科研与生产单位的联合攻关，煤巷锚杆支护技术有了较大提高，取得了不少经验，主要有单体锚杆支护、锚梁网组合支护(如图2-1所示)、桁架锚杆支护、软岩巷道锚杆支护、深井巷道锚杆支护、沿空巷道锚杆支护等。特别是1996～1997年我国引进了澳大利亚锚杆支护技术，在邢台矿务局进行了现场演示，并完成了与锚杆支护技术有关的15个项目，使我国的煤巷锚杆支护技术有了较大提高。同时，困难条件下锚杆-锚索支护技术得到了应用，并取得了令人满意的支护效果和经济效益。1995年，我国国有重点煤矿当年新掘巷道中锚杆支护所占比重为28.19%，其中岩巷中占57.2%，半煤岩巷中占27.65%，煤巷中占15.15%。到1998年，煤巷锚杆支护比重提高到了20.14%，半煤岩巷中则提高到了29.74%。随着锚杆支护技术和配套机具的不断发展，我国当年新掘巷道中锚杆支护所占比重也将逐年增大，每年新掘的锚喷支护的井巷工程长达2 000 km以上。

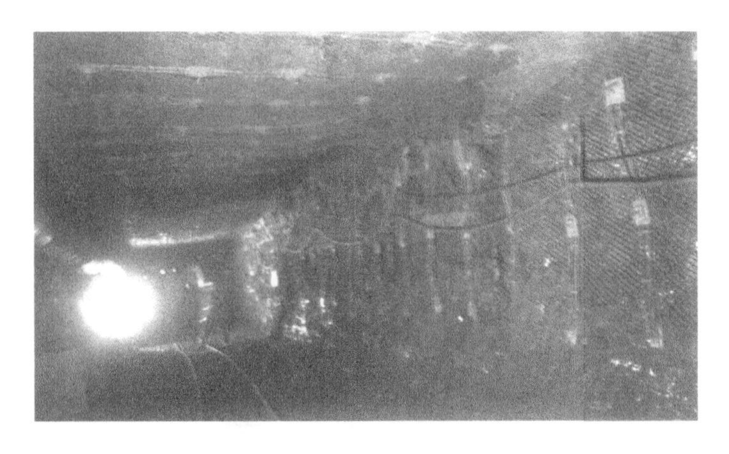

图2-1　锚网-钢筋梯梁支护

锚杆种类很多，根据其锚固的长度可划分为集中锚固类锚杆和全长锚固类锚杆。集中锚固类锚杆指的是锚杆装置和杆体只有一部分和锚杆孔壁接触的锚杆，包括端头锚固、点锚固、局部药卷锚固的锚杆。全长锚固类锚杆指的是锚固装置或锚杆杆体在全长范围内全部和锚杆孔壁接触的锚杆，包括各种摩擦式锚杆、全长砂浆锚杆、树脂锚杆、水泥锚杆等。

锚杆锚固方式可分为机械锚固型和黏结锚固型。锚固装置或锚杆杆体和锚杆孔壁接触，靠摩擦阻力起锚固作用的锚杆，属于机械锚固型锚杆，如图 2-2 所示。锚杆杆体部分或锚杆杆体全长利用树脂、砂浆、水泥等胶结材料，将锚杆杆体和锚杆孔壁黏结、紧贴在一起，靠黏结力起锚固作用的锚杆，属于黏结锚固型锚杆，如图 2-3 所示。未经注浆的机械锚固锚杆一般属于端头锚固，并且都是主动式支护，在安装后能立即拉紧并提供支护力，锚杆处于轴向拉伸状态，沿杆体全长拉应力均等，因此，锚固力就等于拉拔力。

在质量较好的中硬以上岩层中，机械锚固锚杆具有很好的锚固性能，且安装简便迅速，安全可靠。在比较软弱的岩层中，由于机械锚头与岩石接触面积小，易使岩石局部破碎降低锚固效果。在极软弱的页岩、泥岩和胶结差的砂岩中，一般不宜使用机械锚固锚杆。

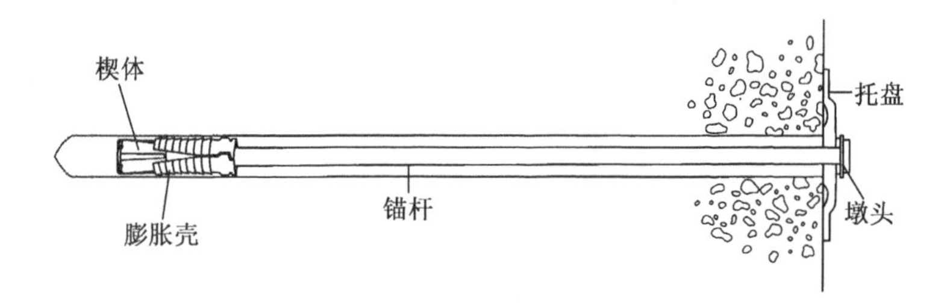

图 2-2　端头机械锚固型锚杆

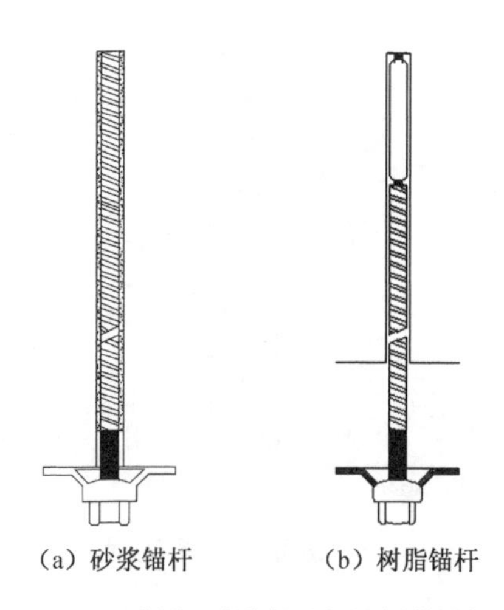

图 2-3　树脂-砂浆锚固螺纹钢筋锚杆

黏结式锚杆主要可分为水泥砂浆钢筋锚杆和水泥或树脂锚固钢筋锚杆。前者属于被动式锚杆,这类锚杆只有当围岩产生变形时,锚杆才能受载。显然,它们必须紧跟掘进工作面安装,因为当锚杆的安装进度远远落后于开挖工作时,围岩会在短时间内出现较大变形,这时再安设锚杆,已很难充分发挥锚固作用。另一类黏结式锚杆是在安设后短期内即可迅速固化并拉紧的。例如树脂锚杆和水泥锚固锚杆,安装迅速方便,锚固力大,并能防腐防锈,在软弱破碎岩石中也能可靠工作。它们属于主动式支护。

煤矿绝大多数矿井采用树脂锚固锚杆,树脂锚固锚杆由树脂胶囊、杆体、托板和螺母等组成。树脂锚固剂通常由树脂、固化剂和促凝剂严密包装在胶囊中,制成一定长度和直径的锚固剂胶囊。我国生产的树脂锚固剂将固化剂与树脂和促凝剂两室密封,共同包装在塑料薄膜袋中(图 2-4)。中速锚固剂固化时间 4～6 min,快速锚固剂固化时间为 0.5～1 min。

图 2-4 树脂胶囊

树脂锚固钢筋锚杆的锚固力受多种因素影响,岩体种类及质量对锚固力将产生很大影响;钻孔直径与杆体尺寸的配合关系对锚固力也有重要影响。试验表明,最佳直径差为 6 mm,一般取 4～6 mm,此间隙可以保证树脂胶囊被充分搅碎和很好混合,保证达到最大锚固力[79]。这种锚杆具有使用方便、节省工时、锚固力大、安全可靠、防震性能好、防腐防锈、适用范围广等优点。

我国广泛使用的树脂黏结式锚杆按其黏结长度分全长黏结式和端头部分黏结式,通常全长黏结式锚杆的锚固力大于部分黏结式锚杆,使用中则根据需要调节黏结部分的长度来实现所要求的锚固作用。对树脂黏结式锚杆,设其黏结长度为 L',则其受力特征如图 2-5(a)所示,其中黏结段为沿轴向分布作用力,而非黏结段($L-L'$)为相等的拉力。假定锚杆黏结段受均匀分布力,则锚杆轴向内力分布如图 2-5(b)所示。由锚杆与锚固体间的作用与反作用关系,得到锚固体的受力特征如图 2-5(c)所示。

二、锚索支护

锚索是采用有一定弯曲柔性的钢绞线通过预先钻出的钻孔以一定的方式锚固

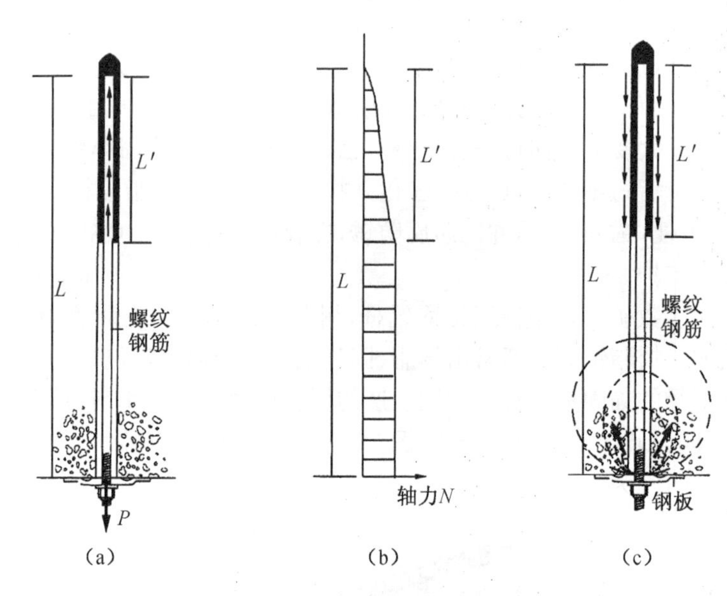

图 2-5 树脂黏结式锚杆与锚固体的受力特征

在围岩深部,外露端由工作锚通过压紧托盘对围岩进行加固补强的一种手段。锚索的主要部件有钢绞线、锁具、锚固剂。其中,钢绞线和锁具如图 2-6 所示。作为一种新型可靠有效的加强支护形式,锚索在巷道支护中占有重要地位。其特点是锚固深度大;可施加预应力,主要支护围岩,因而可获得比较理想的支护加固效果,其加固范围、支护强度、可靠性是普通锚杆支护所无法比拟的。煤矿常用的锚索类型为单根树脂锚固预应力锚索,且为端部锚固。

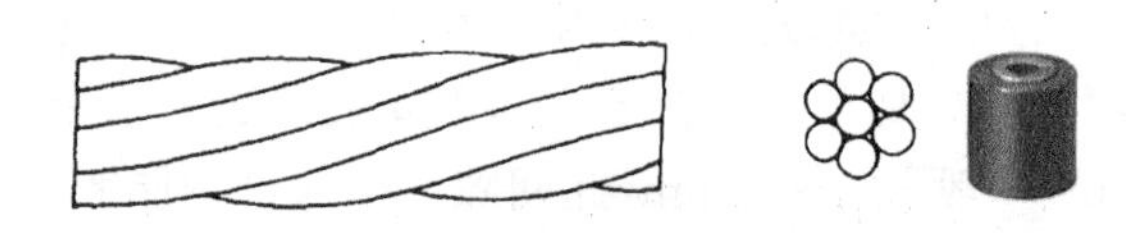

图 2-6 钢绞线和锁具

树脂端部锚固锚索的特点是采用搅拌器搅碎树脂药卷,对锚索进行端部锚固。其安装孔径为 Φ28 mm,用普通单体锚杆机可完成打孔、安装。安装工艺简单,便于操作,施工速度快。

锚索支护技术主要是将一定长度的低松弛高强度的钢绞线配以专用锚具,用树脂或砂浆进行锚固,通过液压千斤顶在其尾部施加预应力,达到对巷道锚固支护的一项技术。锚索除具有普通锚杆的悬吊、组合梁、组合拱、楔固作用外,与普通锚杆不同的是对顶板进行深部锚固而产生强力悬吊作用,并且沿巷道纵轴线形成连续支撑点,以较大预紧力减缓顶板变形扩张。

第二节　锚杆支护理论

锚杆支护是通过围岩内部的杆体，改变围岩本身的力学状态，提高围岩的强度，从而在巷道围岩内形成一个完整稳定的承载圈，与围岩共同作用，达到维护巷道的目的。锚杆对岩体进行直接加固，可以锁紧碎裂岩体，提高摩擦力，实现岩体结构条件的转化，使碎裂结构转化为块状结构、整体结构，使岩体强度得以提高。从概念上来区分，对锚喷支护作用原理的认识，可归纳为两种不同的理论。

一种是建立在结构工程概念上，其基本特征是“荷载-结构”模式。把岩土体中可能破坏塌落部分的重量作为荷载由锚喷支护承担。锚杆支护的悬吊理论最具代表性。该理论要求锚杆长度穿越塌落拱高度，以便把坍塌的岩石悬吊起来。工程实践表明，锚杆长度短于塌落拱高度，隧道仍然安全，如何解释呢？人们又提出了组合拱理论，认为系统锚杆与塌落范围的部分岩石组成岩石锚杆组合拱，以承担塌落拱形成的荷载，然后，按结构力学的方法计算组合拱的内力。

另一种是建立在岩体工程概念上，其基本特征是：充分发挥围岩的自稳能力，防围岩破坏于未然。支护与适时、合理的施工步骤的主要作用是：适时控制岩体变形与位移，改善岩体应力状态，提高岩体强度，使岩体与支护共同达到新的平衡稳定，以获得最佳的效益。这一类型的理论，按照岩体工程概念，采用现代岩体力学、岩体工程地质力学的方法，对岩体进行稳定性分析以及锚固支护加固效果分析。显然，建立在岩体工程概念上的锚固支护作用原理，较之前建立在结构工程概念上的锚固支护作用原理更先进，更正确。

传统的锚杆支护理论有悬吊理论、组合梁理论、组合拱（压缩拱）理论、最大水平应力理论以及巷道围岩峰后剪胀变形模型等。

（1）悬吊理论

悬吊理论认为，锚杆支护的作用就是将顶板较软弱岩层悬吊在上部稳定岩层上，如图 2-7 所示，以增强较软弱岩层的稳定性。对于回采巷道经常遇到的层状岩体，当巷道开挖后，直接顶因弯曲、变形与老顶分离，如果锚杆及时将直接顶挤压并悬吊在老顶上，就能减小和限制直接顶的下沉和离层，以达到支护的目的。

（2）组合梁理论

当巷道顶板相当距离内不存在稳定岩层时，例如层状岩层中经常遇到的直接顶较厚，无法将直接顶用锚杆悬吊起来的情况，当顶板出现下沉和离层时，沿层面将产生垂直位移和水平位移。如果在顶板中安装锚杆，它们的夹紧力（即锚杆的预紧力）就会使层面间摩擦力增大，这种摩擦力可以阻止岩石沿层面继续滑动，从而将几个薄岩层通过锚杆锁紧而成一个较厚的岩层，这种厚层岩梁的最大弯曲应变和应力都将大大减小。集成的梁越厚，最大弯曲应变和应力就越小，根据材料力学理论，梁的最大弯曲应变和应力与梁厚的平方成反比，这就是组合梁作用，也称之

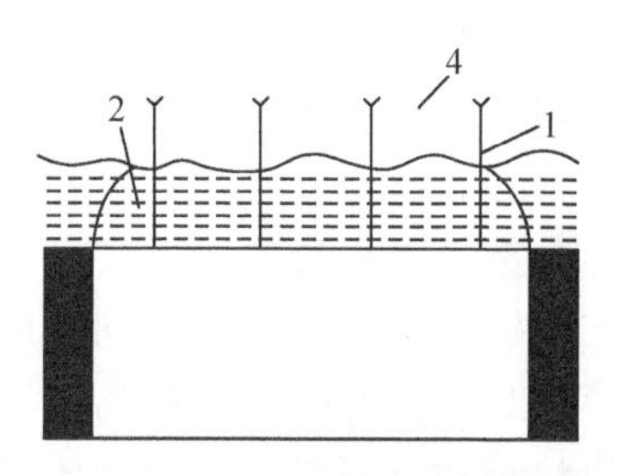

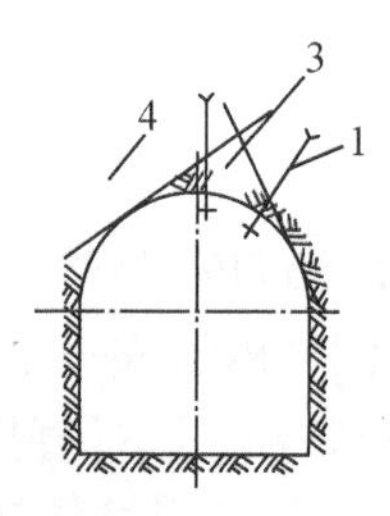

图 2-7　锚杆悬吊作用示意图

1—锚杆；2—不稳定围岩；3—围岩；4—稳定围岩

为摩擦作用。另一方面，锚杆本身的强度也增加了梁的整体抗剪力。其作用机理如图 2-8 所示。

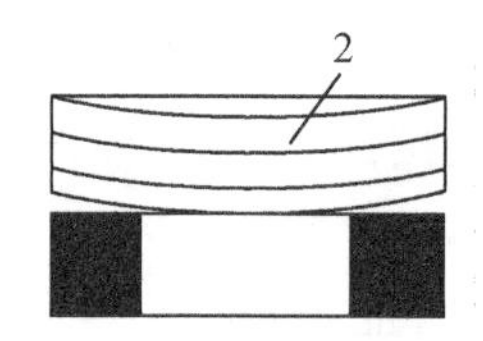

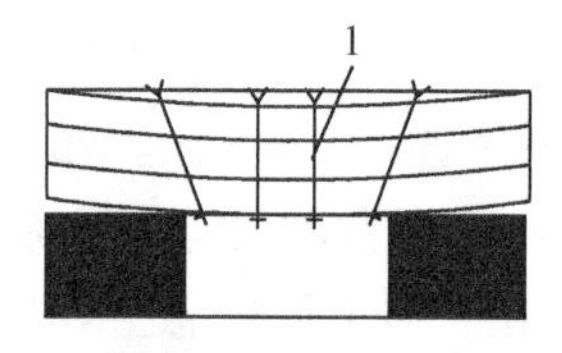

图 2-8　锚杆组合梁示意图

1—锚杆；2—薄岩层

(3) 组合拱理论

新奥法的一个重要理论依据就是锚杆组合拱原理。这个理论认为，在拱形巷道围岩的破裂区中安装预应力锚杆时，在杆体两端将形成圆锥形分布的压应力，如果沿巷道周边布置锚杆群，只要锚杆间距足够小，各个锚杆形成的压应力圆锥体将相互交错，就能在岩体中形成一个均匀的压缩带，即承压拱(也称组合拱或压缩拱)，这个承压拱承受其上部破碎岩石施加的径向荷载，如图 2-9 所示。承压拱内部的岩石径向及切向均受压，处于三向应力状态，其围岩强度得到提高，支撑能力也相应加大。

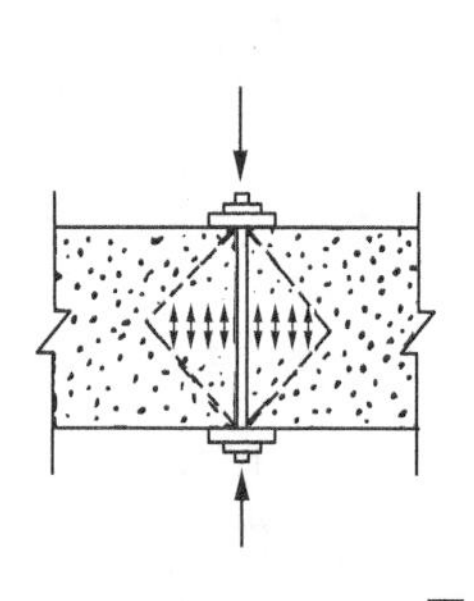

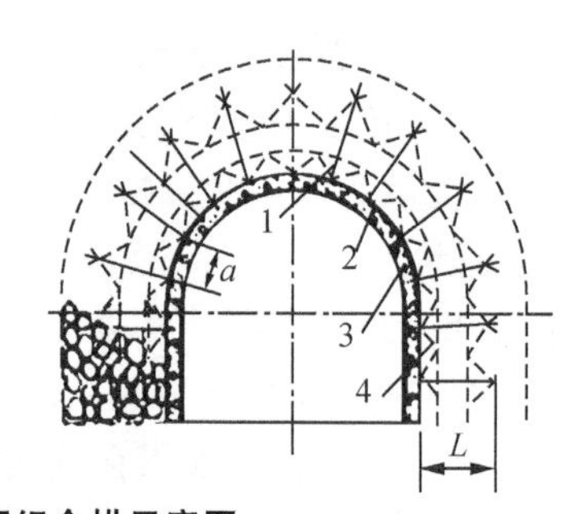

图 2-9　锚杆组合拱示意图

1—锚杆；2—承压拱；3—喷射混凝土；4—压应力圆锥体

(4) 最大水平应力理论

最大水平应力理论由澳大利亚学者盖尔(W. J. Gale)提出。该理论认为:矿井岩层的水平应力通常大于垂直应力,水平应力具有明显的方向性,最大水平应力一般为最小水平应力的1.5～2.5倍。巷道顶、底板的稳定性主要受水平应力的影响,且有三个特点:①与最大水平应力平行的巷道受水平应力影响最小,顶、底板稳定性最好;②与最大水平应力呈锐角相交的巷道,其顶、底板变形偏向巷道某一帮;③与最大水平应力垂直的巷道,顶、底板稳定性最差。在最大水平应力作用下,顶、底板岩层易于发生剪切破坏,出现错动与松动而膨胀造成围岩变形,锚杆的作用即约束其沿轴向岩层膨胀和垂直于轴向的岩层剪切错动,因此要求锚杆必须具有强度大、刚度大、抗剪切阻力大,才能起约束围岩变形的作用。

(5) 围岩松动圈支护理论

开巷后,当围岩应力超过围岩强度后将在围岩中产生新的裂缝分布,其分布区域类似圆形或椭圆形,当围岩为不均质时将为异形,称之为围岩松动圈。巷道围岩变形包括弹塑性变形和剪胀变形两个阶段。围岩的弹塑性发展很快,在开挖面临近时,弹塑性变形已经开始,开挖结束,弹塑性变形立即完成,并在围岩中形成极限平衡区、弹性应力区和原岩应力区。极限平衡区围岩实质上是处于非稳定平衡状态,需要向稳定平衡态转化,即进一步消耗和转移围岩中保存的能量,通过围岩体沿着弱面和破坏面发生错动、剪胀,使围岩体松动破碎、保存的能量最小,达到稳定平衡状态。围岩错动导致剪胀变形,剪胀变形可达几百毫米以上,是围岩变形的主要部分。峰后围岩的剪胀变形是在围岩弹塑性变形完成后逐渐发展的,一般需一月后才能稳定,它变形量大,对支护力十分敏感,是支护的主要对象。

第三节　锚杆-锚索耦合支护原理

一、耦合支护的概念

对于深部软岩巷道的支护问题,因其地应力大、围岩岩性差等不良条件而成为巷道支护中的难题,而大量的工程实践也表明,单一的支护形式在该种巷道中是不可行的,因此需采用多种支护方式相互配合、共同承载,以限制围岩的不良变形而实现巷道的稳定。采用多种支护方式进行支护时,并不是简单地将各支护体进行叠加,而是需考虑各支护体的支护机理,通过合理的支护设计,使围岩内部积蓄的能力得到释放、围岩自承能力充分发挥,各支护体均能够优势互补且各自发挥较好的支护效果,即实现耦合支护。巷道耦合支护的思想在于充分释放围岩内部积蓄的非线性能,最大限度上利用围岩的自承能力,通过对支护结构的强度、刚度等参数的调整,并合理地把握支护时机,实现围岩与支护结构共同作用,使支护后的围岩荷载分布均匀、变形连续。锚网索耦合支护就是针对软岩巷道围岩由于塑性大变形而产生的变形不协调部位,通过锚网-围岩以及锚索-关键部位支护的耦合而使其变形协调,实现支护一体化、荷载均匀化,从而实现巷道稳定。

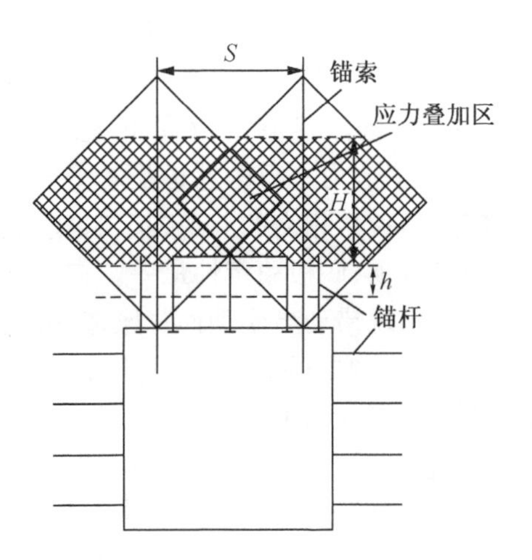

图 2-10 锚杆-锚索耦合支护示意图

二、耦合支护的基本特征

软岩巷道实现耦合支护的基本特征在于巷道围岩与支护体在强度、刚度及结构上的耦合。

(1) 强度耦合

实际工程应用中发现，适当的变形的确可以减小支护体的受力，利于巷道的整体稳定，然而围岩变形超过一定范围时，支护体受力开始出现增大的现象。出现该现象的根本原因在于没有考虑围岩的自承载能力变化，适当的变形可以释放较多的能量对围岩自承能力影响不大，变形到达一定程度时能量释放已接近完成，此时再不限制其位移的发展，围岩则会变得过于松散，其承载能力也大幅度降低，反而不利于巷道的整体稳定。

软岩巷道围岩具有巨大的变形能，仅仅强调采取高强度的支护形式不可能阻止围岩的变形。硬岩加载屈服后即破坏，从而丧失承载能力，对于硬岩巷道来讲，应在硬岩屈服前实施支护，也即掘巷后立即实施支护；与硬岩不同的是，软岩进入塑性后，本身仍具有较强的承载能力，因此对于软岩巷道来讲，应在不破坏围岩本身承载强度的基础上，充分释放其围岩变形能，再实施支护，也即先实施锚杆支护，在巷道围岩剧烈变形之后趋于平缓后再实施锚索支护。

(2) 刚度耦合

由于软岩巷道的破坏主要是变形不协调而引起的，一方面支护体要具有充分的柔度，允许巷道围岩具有足够的变形空间，避免巷道围岩由于变形而引起能量积聚；另一方面，支护体又要具有足够的刚度，将巷道围岩变形控制在其允许范围之内，这样才能在围岩与支护体共同作用过程中实现荷载均匀化。

(3) 结构耦合

对于围岩结构面产生的不连续变形，通过支护体对该部位进行加强耦合支护，防止因个别部位的破坏引起整个支护体的失稳。

三、耦合支护的实现方式

(1) 定量变形让压支护

就具体的支护方式而言,合理的巷道支护形式应当具有如下功能:首先,应当能够保证支护系统的初期支护刚度与强度,有效控制围岩不连续变形,保持围岩的完整性,提高围岩自承能力,使围岩吸收能量的能力得到保证;其次,支护系统具有定量变形让压性能,能够进行合理有效的让压,允许巷道围岩有较大的连续变形,使巷道围岩变形能量通过支护系统得到转移与释放,保证支护系统完整性的同时提高围岩自承能力;再次,在适度让压之后支护系统仍能提供较高的支护阻力,最终使围岩趋于稳定。

(2) 预应力桁架

预应力桁架是将巷道两肩窝深部岩体作为锚固点,专用张拉机具通过桁架连接器将高强度的预应力钢绞线锁紧,并传递张拉力,实现对顶板浅部围岩的维护和对顶板结构的加固,控制顶板的离层、防止顶板加固区域的整体垮冒。它由图 2-11(a)所示预应力高强度钢绞线、桁架连接器、锚具组成。

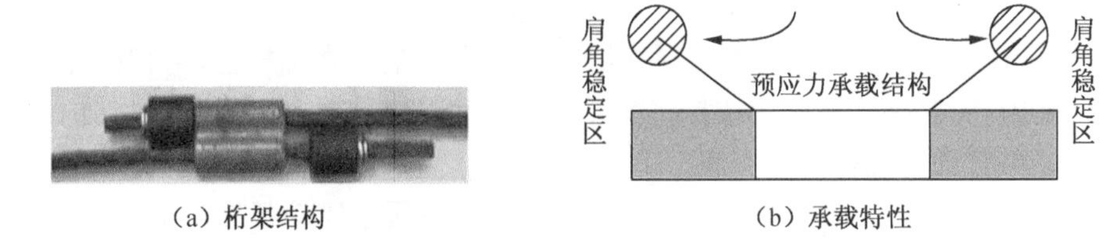

(a) 桁架结构　　(b) 承载特性

图 2-11 预应力桁架结构(部分钢绞线)及承载示意图

预应力桁架最初应用于顶板,当支护的预应力达到一定程度时,能形成预应力承载结构(图 2-11(b)),该结构不仅能通过大变形实现对外层结构的适应性让压,同时能在大变形中保持整体稳定性。具有这种变形让压和整体稳定性特征的层状顶板结构叫预应力承载梁,它具有连续传递应力的效应,并从根本上控制巷道围岩的最终变形量,以达到最佳支护效果。这种支护方式体现了刚柔相济、内外并举、标本兼治。

第四节 锚杆支护施工工艺

一、顶锚杆施工工艺

(1) 标眼位:临时支护将顶板背实、绞牢后,搭好工作台,按照设计位置要求标定眼位,并用洋镐将眼口刨平,煤层节理发育时,钻孔角度与节理面垂直或斜交。

(2) 打眼:掌钎工用左手抓住处于直立状态的锚杆钻机护绳板,右手将 1.2 m 短钻杆插入钻机夹盘内,操作者抓紧锚杆钻机 T 型把手,然后顺时针旋转支腿控制钮,直到钻尖对准眼位,然后慢慢给马达控制板加压,当钻尖钻入顶板后,操作者用右手拇指逆时针旋转水控制阀,钻杆同时溢水冲刷清孔,钻孔到位后,向下缩钻机并关水。照上述操作程序完成长钻杆打眼。(孔深为锚杆长度减 100 mm)

(3) 安装锚杆:先把锚垫、半球垫、快速安装器等套在锚杆上,再把树脂药卷依次装入钻孔并用锚杆将药卷送到孔底,并将专用搅拌器插入钻机夹盘内,然后边搅拌边推进,直到将锚杆送入孔底。

(4) 紧固锚杆:等待 1 min,待验收员量取中线合格后,开动钻机旋转螺母,确保锚杆的托板紧贴巷壁,拧紧力矩应达 150 N·m 以上。

二、帮锚杆施工工艺

(1) 联网:先用洋镐敲掉两帮活煤矸,搭好工作台,铺网并将帮网、顶网及上一排帮网孔孔相连。

(2) 打眼:验收员标出眼位,一人将钻杆对准眼位,并把钻杆插入风钻内,然后放开钻杆,同时开水冲孔,另一人操作风钻将帮眼钻至规定位置,当煤层节理发育时,钻孔角度与节理面垂直或斜交。(孔深为锚杆长度减 100 mm)

(3) 安装锚杆:刨平眼口并将搅拌器、锚垫、半球垫套在锚杆上,再把树脂药卷装入钻孔内,安好梯子梁后用锚杆将药卷送入孔底,然后将搅拌器插入风钻内边推进、边搅拌,直到将锚杆送入孔底。

(4) 紧固锚杆:卸下搅拌器,等待 1 min,锚杆必须用风动帮钻机或扳手拧紧,确保锚杆的托板紧贴巷壁,拧紧力矩应达 150 N·m。

三、锚索施工工艺

(1) 钻孔:采用风动帮锚杆钻机完成,搭设好工作台,钻孔时要保持钻机底部不挪动,以保证钻孔成一直线,一人在工作台上扶钻杆,接长钻杆,一人在工作台下扶钻机,第三人负责操作钻机,其他无关人员均应远离至钻机半径 2 m 以上范围之外,接钻杆时,任何人身体不得正对钻孔或站在钻孔下方。

(2) 钻到预定孔深后,向下缩锚杆钻机,同时清孔。

(3) 锚固:采用树脂药卷锚固,按先快速药卷后慢速药卷的顺序用钢绞线轻轻将树脂药卷送入孔底,用搅拌器将钢绞线和钻机连接起来,两人扶钻,保持钻机与钻孔成一直线,边推进、边搅拌,搅拌 30 s,同时将钢绞线送入孔底,等待 2 min,回落钻机,卸下搅拌器。

(4) 张拉:树脂药卷锚固至少 40 min 后,再装托梁、托板、锁具,并使它们紧贴顶板,挂上张拉千斤顶,开泵张拉,观察压力表读数,达到设计预紧力 30 MPa 以上即停止张拉,卸下张拉千斤顶。

(5) 张拉前，两人上至工作台上配合安装张拉千斤顶，安装好后，微动油泵至压力表读数为 2 MPa，停止张拉，人员全部撤至被张拉锚索下方半径 5 m 以外后，负责开动油泵人员方可继续张拉。若张拉千斤顶行程不够，必须停止张拉，两人扶住千斤顶，开动油泵将千斤顶回零，按本条规定继续张拉。

(6) 张拉过程中，若发现锚索受力异常，要停止张拉，重新补打锚索。

(7) 钢绞线外露 300 mm，超长后重新补打锚索。

(8) 锚索安设的间距误差不得超过设计值＋50 mm。

第五节　锚杆支护质量监测技术

锚杆支护监测是研究支护方式、原理，检验支护效果，判断巷道稳定性，保证安全生产的重要手段。在井巷工程的设计和施工过程中，监测工作通常要经历三个阶段：施工前，通过量测获得设计所需要的岩体性质、原岩应力状态等资料数据；施工中，通过监测可以验证设计的正确性，检验支护质量，为修改设计提供科学依据，根据表面位移等监测数据进行反演分析，得到岩体的力学参数；施工后，通过监测，可以全面检查锚杆支护巷道的支护工作状态，监控巷道所受到的采动影响，掌握其围岩的变形规律，以确定巷道的稳定程度，及时采取措施。监测的根本目的是为了确保锚杆支护巷道实现安全、优质、快速、低耗。锚杆支护监测的内容主要包括：岩体位移监测、顶板离层监测、围岩深部位移监测、锚杆受力监测等。

一、岩体位移监测

按岩体位置，岩体位移分为表面位移和内部位移两大类，每类都有相对位移、绝对位移之分，在锚杆支护监测中，通常只进行相对位移监测。

(1) 岩体表面相对位移监测

巷道表面相对位移是指巷道开挖后一定时间内巷道顶底板和两帮的相对位移量。井下巷道表面位移观测是巷道常规观测内容之一。其目的是弄清巷道开挖到稳定阶段，巷道表面位移随巷道围岩暴露时间的变化规律，从中找出巷道围岩位移与生产地质条件、锚索、锚杆网支护形式及参数之间的关系，为进一步合理地设计锚索、锚杆支护提供可靠的基础数据，为准确评估支护效果提供量化指标。监测仪器有钢卷尺和收敛计。

(2) 岩体内部相对位移监测

巷道围岩内部相对位移是指围岩内部多点间的位移量。内部位移监测的主要目的是据以判断围岩的松动范围，以合理选择锚杆支护参数。用于监测内部相对位移的仪器较多，国内外使用较多且较成熟的是单点、两点及多点位移计，用以实测岩体内部的径向位移。

二、顶板离层监测

顶板离层是指巷道浅部围岩与深部围岩间的变形速度出现台阶式跃变，当离层达到一定值时，顶板有可能发生破坏和冒落。所以，顶板离层是巷道围岩失稳的前兆，主要通过安设在顶板中的离层仪进行监测。

顶板离层仪包括一个深部基点和一个浅部基点，分别测试巷道表面与浅部基点之间，浅部基点与深部基点之间的相对位移。顶板未发生离层时，浅部基点与深部基点所测位移变化速率应逐渐降低，并最终趋近于 0，如果中间发生跃变，则可判断顶板中是否出现离层及离层的部位。

三、受力监测

锚杆工作状态与安装质量的检测与监测是锚杆支护中的一项最基本的工作[11]。对全长锚固锚杆，量测的目的是弄清锚杆受力状态，了解锚杆轴向力随围岩变形的增长情况，并借以评价或修改锚杆支护参数；对于端头锚固锚杆，量测的目的是了解锚杆实际受力状态，判断其安全程度，以及是否出现预应力松弛。

(1) 锚杆工作载荷(轴向力)监测

锚杆工作载荷可以反映锚杆在各个不同时期的轴向力大小及与围岩变形的关系，用以评价锚杆的实际工作特性及其与围岩变形的关系，判断设计预应力、初锚力和锚固力的合理性。

(2) 锚杆预应力监测

锚杆的预应力大小反映了锚杆对围岩的主动加固能力。锚网支护的核心是通过对围岩主动施加外力，使锚固范围内的顶板形成自撑结构，在维护自身稳定的同时能承受上部载荷，维护岩体的连续、稳定。锚杆预应力的大小对顶板的稳定性具有重要作用，当预应力大到一定程度时，锚杆锚固范围的顶板离层得以消除，使巷道形成整板顶板而不发生离层破坏。锚网巷道发生变形、冒落的另一个主要原因就是锚杆安装时无预应力或预拉力小引起顶板离层，假设的梁、拱作用无法实现，随着时间的推移，破坏逐步发展到锚固范围以外，上覆破碎岩层对假想梁拱形成较大载荷，最终支护失稳导致顶板事故。通过加大锚杆预应力，采用锚深、预应力更大的锚索等手段防止顶板离层，维护岩梁与上部岩体的整体性，是防止顶板事故的关键。

锚杆(锚索)预应力是衡量锚杆或锚索支护性能的一个重要参数，预应力越大，支护性能越好。国外资料显示，世界上采煤比较先进的国家，如美国、澳大利亚、英国等，锚杆的预紧力一般要求达到锚杆杆体屈服强度的 50%～60%，以我国目前较为常用的 Φ20 mm 直径高强锚杆来讲，其屈服强度为 126 kN，锚杆的预紧力应达到 65～75 kN，而目前我国煤巷锚杆支护中锚杆的预应力一般采用风动锚杆钻机预紧，由于风动锚杆钻机的最大扭矩一般在 80～120 N・m 左右，预紧力最大能达到 40 kN 左右，因此我们更加要加强锚杆预应力的检测。在支护期间，锚杆或锚索的预应力受到许多因素的影响，导致预应力的不断变化。所以，需要不断进行监测，以随时掌握预应力状态。影响锚索预应力变化的因素主要有锚杆或锚索内部材质的原因、地质力学的性质以及外部影响因素，最直接的原因是钢材的松弛和地层的蠕变。

四、锚固力检测

国标 GBJ86-85 将锚固力定义为锚杆对于围岩的约束力。我国常用锚杆的直径为 Φ16～25 mm，而锚杆钻孔为 Φ27～33 mm。锚杆作用于围岩的力可分为径向和切向两个方向，径向锚固力含托锚力和粘锚力。托板阻止围岩向巷道内位移，对围岩施加径向支护力，使围岩由平面应力状态转化为三向应力状态，提高了围岩的强度，这种来自托板使围岩稳定的力称为托锚力；托锚力的大小由锚杆所加预应力和锚杆工作状态所决定，最大托锚力就是锚杆拉拔试验时的最大拉拔力。粘锚力是由于围岩深部与浅部变形的差异，锚杆通过黏结剂对围岩施加的黏结力（剪切作用力），粘锚力的反作用力就是锚杆体内的轴力。切向锚固力是由于锚杆体贯穿弱面，改善了弱面的力学性质，限制地层沿弱面的滑动和张开的力。因此锚杆是兼有支护和加固两种作用的较完美的支护形式。径向锚固力主要起着支护作用，切向锚固力主要起着加固作用[10]。

锚固力是在锚杆与围岩相互作用过程中形成和变化的。锚杆的锚固力不仅取决于锚杆本身的结构、参数、锚固方式和锚固长度，金属网、钢带和梁等护表构件，锚固岩体的坚硬程度、结构和性质等，还取决于锚固岩体的位移、流变、离层和破裂等围岩的损伤破坏过程。在围岩大变形巷道中，随着锚杆锚固岩体的松动破裂，锚杆的锚固力大都会迅速下降，实际的锚固力往往远低于理论计算值，甚至完全失效。

作为受拉杆件的锚杆，其承受拉力的能力，一方面取决于预应力筋的截面积和抗拉强度，这是容易较精确地设计并满足使用要求的；另一方面，则取决于锚固体的抗拔力。锚固体的抗拔力事先不易准确确定，它与许多因素有关，如锚固体几何形状、传力方式、锚固体与围岩的黏结摩阻强度等，锚固体的抗拔力是影响单根锚杆极限承载力的关键所在。

长期以来，人们把锚杆拉拔试验时的抗剪强度当做锚杆剪锚力（锚固力），现场也认为通过拉拔试验测得的是锚杆锚固力，其实不然，因为锚杆在工作时和拉拔试验时受力分布完全不同，而且两者的变化过程也不相同。锚杆拉拔试验测得的最大抗剪强度实际上是锚杆可能达到的最大托锚力，锚杆在工作时抗剪强度的失效过程，远比拉拔试验的破坏过程复杂。剪锚力沿锚杆全长呈非线性分布，且随围岩变形而变化，所以要给出锚杆剪锚力的简单计算公式或实测值是很困难的，故锚杆拉拔抗剪强度只能在一定程度上反映锚杆剪切锚固力的大小，但拉拔试验对检测锚杆的安设质量、分析锚杆的工作状态具有重要意义，目前仍普遍采用锚杆在拉拔试验时的抗拔力来评价锚杆剪锚力。

五、锚杆支护质量监测技术展望

目前，我国煤矿锚杆支护成套装备与技术已基本形成，而且在实际应用中解决了支护难题，取得了巨大的经济效益，为高效、安全开采创造了良好的条件，锚杆支护已成为高效矿井必备的配套技术。为了将这项技术推广应用得更好，为煤炭工业带来更大的经济效益和社会效益，仍需在锚杆施工质量监测技术等方面做进一步工作。

锚杆支护的现场监测主要靠深孔多点位移计、位移收敛计、顶板离层指示仪、扭矩扳手、测力锚杆、拉拔计等设备。上述监测设备从功能上可分成两大类：顶板稳定性监测和受力检测。对顶板稳定性监测主要采用顶板离层仪、多点位移计、位移收敛计等，事故预警往往不及时，时效性差，同时这些设备对顶板事故预警的准确率也低，往往因安装原因造成顶板离层仪、多点位移计并不起作用。测力锚杆、拉拔计这两种受力检测手段只能进行点检测，并不能实行面检测，又利用液压千斤顶进行拉拔试验这种检测手段既费工又费时，更重要的是这种检测手段对经锚杆加固的巷道产生较强的扰动，降低了锚杆对围岩的加固作用，而且仅限于个别抽查；对于扭矩扳手这种检测手段，其对预应力的检测的准确率太低，只能作为辅助手段。因此，对锚杆现场无损检测技术的研究是矿业与岩土工程界的一个急需解决的课题，它对于安全生产、保障施工质量都具有重要意义。

第三章　锚杆支护系统弹性波检测理论基础

目前,锚杆锚固质量动力检测理论的研究基本上都是借鉴“小应变动力测桩技术”的理论,将锚杆视作一维弹性杆状体建立数学模型,通过求解包含激振振源作用在内的纵向一维波动方程的解,获得锚杆系统的动力响应。但是,上述这些理论模型都是基于边坡、隧道、水利工程中的非预应力锚杆来进行研究的,而煤矿大量使用的是预应力锚杆,目前还没有建立预应力锚杆的振动力学模型。因而,有必要采用动力学的方法,对预应力锚杆的纵向、横向振动特性及波在预应力锚杆的传播规律进行比较系统的分析。

第一节　锚杆纵向振动特性分析

由于几何弥散的影响,圆杆波导的频率谱方程是极为复杂的。不难设想,对于应用上更为实际的弹性波导中的瞬态波,欲求其精确解将是极为困难的。因此为了讨论简化起见,常在分析过程中引入一些假定,如把严格说来本来是三维的杆当做一维问题来处理,又认为杆是很细的,从而略去横向惯性效应以及采用平截面假定等。基于这些假定建立的弹性波传播理论通常称为初等理论或工程理论[81]。显然由于这些假定的引入,由此所得到的分析结果将是近似的。

初等理论假定:

(1) 变形前的平截面在变形过程中始终保持平面;

(2) 除了沿横截面恒为均匀分布的轴向力 σ 外,所有其他应力分量均为零。

一、锚杆纵向振动力学模型

图 3-1(a)为普遍应用于煤矿锚杆支护中的树脂锚杆,锚杆杆体长度为 L,其中树脂锚固段长度为 L_1,在锚杆外端由预紧螺母施加一预紧力 P。考虑到力 P 作用下托板及周围岩体的明显挤压变形,将锚杆的外端边界简化为一端弹性支承,则树脂锚杆的力学模型简化为一端弹性支承、另一端树脂锚固体与岩体黏结、固连的锚杆纵向振动力学模型,如图 3-1(b)所示,简称弹簧-树脂锚固纵向振动力学模型。对于锚固胶结良好的预应力锚杆,考虑到树脂锚固体与其周围岩体的相对位移极小,将树脂锚固体与岩体黏结、固连简化为刚性连接,则树脂锚杆的力学模型简化为一端弹性支承、另一端固定的锚杆纵向振动力学模型,如图 3-1(c)所示,简称弹簧-固定端纵向振动力学模型。图 3-1(c)中弹簧刚度 k 由锚杆外端部(靠巷道壁)围岩和托板的物理力学性质所决定。

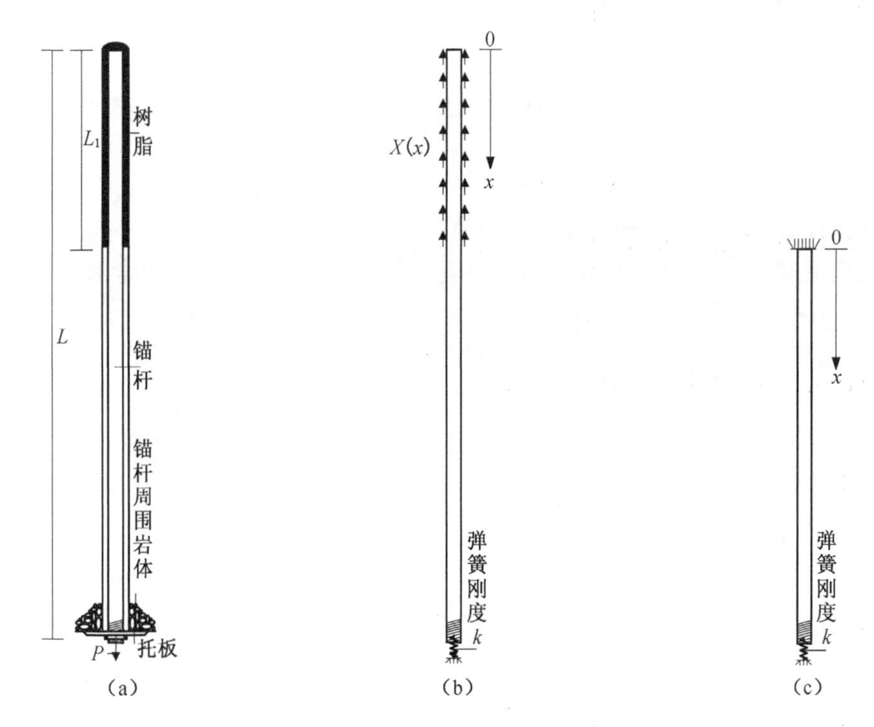

图 3-1　树脂锚杆纵向振动力学模型

二、锚杆纵向振动控制方程

对于如图 3-1(b)所示的锚杆纵向振动力学模型,可看做匀质等截面细直杆如图 3-2(a)所示。设杆长为 L,杆在 x 轴线上 $0\sim L_1$ 段沿纵向在杆体周边分布力为 $X(x)$,单位体积的质量为 ρ,截面积为 A,材料的弹性模量为 E。同时,假定杆的横截面在振动中始终保持为平面,并且略去杆的纵向伸缩而引起的横向变形,即同一截面上各点仅在 x 方向产生相等的位移。以 $u(x,t)$ 表示杆上距原点 x 处在 t 时刻的纵向位移。在杆上取微元段 $\mathrm{d}x$,它的受力如图 3-2(b)所示。根据牛顿第二定律,它的运动方程为

$$\rho A\,\mathrm{d}x\,\frac{\partial^2 u}{\partial t^2}=P+\frac{\partial P}{\partial x}\mathrm{d}x-P+X(x) \tag{3-1}$$

由图 3-2(a)可见,$\mathrm{d}x$ 段的变形为 $\frac{\partial u}{\partial x}\mathrm{d}x$,所以 x 处的应变 $\varepsilon(x)$ 为 $\frac{\partial u}{\partial x}$,对应的轴向内力 $P(x)$ 为

$$P(x)=AE\varepsilon=AE\,\frac{\partial u}{\partial x} \tag{3-2}$$

将式(3-2)代入式(3-1)并化简,得

$$\rho A\,\frac{\partial^2 u}{\partial t^2}=AE\,\frac{\partial^2 u}{\partial x^2}+X(x) \tag{3-3}$$

或

$$c_0^2 \frac{\partial^2 u}{\partial x^2} = \frac{\partial^2 u}{\partial t^2} - \frac{1}{\rho A} X(x) \tag{3-4}$$

其中 $c_0 = \sqrt{\frac{E}{\rho}}$ 为纵波沿杆体的传播速度。可见杆的纵向振动的运动微分方程也是一维波动方程，由于分布力 $X(x)$ 的复杂性，式(3-4)的求解需由数值分析方法求得。

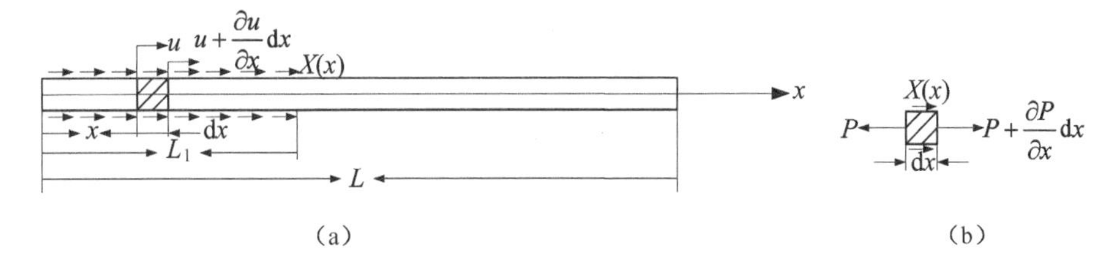

图 3-2 杆纵向振动

对于如图 3-1(c)所示的力学模型，其分布力 $X(x)$ 恒为零，则其振动控制方程为：

$$c_0^2 \frac{\partial^2 u(x,t)}{\partial x^2} = \frac{\partial^2 u}{\partial t^2} \tag{3-5}$$

方程(3-5)即为典型的锚杆纵向振动波动方程，该方程可采用分离变量法来进行求解。

三、锚杆的纵向振动特性

考虑非锚固段长度为 $l(l=L-L_1)$ 的杆，它的两端 $x=0$ 和 $x=l$ 处经受某种方式的约束，其纵向自由振动的控制方程是式(3-5)，假定其解的形式为

$$u(x,t) = X(x)T(t) \tag{3-6}$$

此处 $X(x)$ 称为主函数或正规函数，它定义了振动的模态，而 $T(t)$ 决定着振动模态随时间的发展。将式(3-6)代入式(3-5)后，则得到

$$\frac{X''}{X} = \frac{\ddot{T}}{c_0^2 T} = -\lambda^2 \tag{3-7}$$

或

$$X'' + \lambda^2 X = 0 \tag{3-8}$$

$$\ddot{T} + c_0^2 \lambda^2 T = 0 \tag{3-9}$$

其中 λ 为某一常数。方程(3-8)、(3-9)的解分别为

$$X(x) = C \cdot \cos\lambda x + D \cdot \sin\lambda x \tag{3-10}$$

$$T(t) = A \cdot \cos c_0 \lambda t + B \cdot \sin c_0 \lambda t \tag{3-11}$$

式(3-11)中的常数 C 和 D 由满足杆端的约束条件来确定，而式(3-11)中的常

数 A 和 B 与初始条件相联系。

图 3-1(c)所示锚杆系统的边界条件为：

$$u(0,t) = 0 \tag{3-12}$$

$$EA\left.\frac{\partial u}{\partial x}\right|_{x=l} = -k\, u|_{x=l} \tag{3-13}$$

式(3-13)的右端弹簧刚度 k 与 $t=0$、$x=l$ 处位移的乘积(初始时刻锚杆外端受到的外力 P)有关，体现了预应力对锚杆纵向振动特性的影响。弹簧刚度 k 随轴力的变化关系可由一现场实测的拉拔力-位移曲线观察得到，轴力越大，弹簧刚度 k 也越大。

由式(3-12)、(3-13)及式(3-6)、(3-10)、(3-11)，有

$$X(0) = 0 \tag{3-14}$$

$$EAX'(l) = -kX(l) \tag{3-15}$$

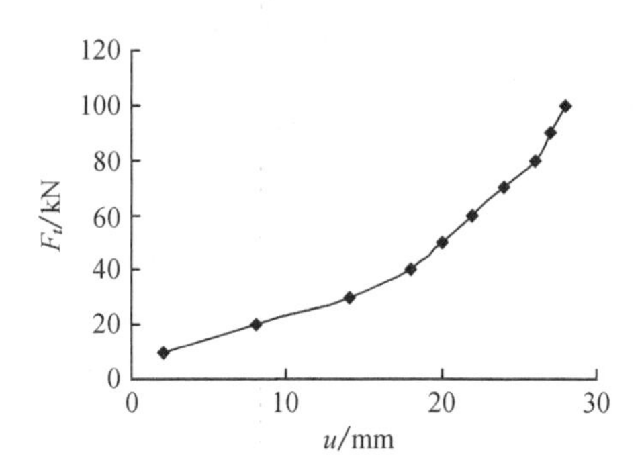

图 3-3 拉拔力 F_t-变形 u 曲线

将式(3-14)、(3-15)代入式(3-10)后得

$$C = 0 \tag{3-16}$$

$$EA\lambda\cos\lambda l = -k\sin\lambda l \tag{3-17}$$

式中 $\lambda = \dfrac{2\pi f}{c_0}$，式(3-17)即为一端固定、一端弹性支承的杆的频率方程。对一般情况的 k 值，式(3-17)可写为：

$$\frac{k}{EA/l}\mathrm{tg}\frac{2\pi fl}{c_0} = -\frac{2\pi fl}{c_0} \tag{3-18}$$

其中 EA/l 是 $x=l$ 处杆的拉压刚度，杆的各阶固有频率要通过解超越方程(3-18)得到，相应于固有频率 f_i 的模态为：

$$X_i(x) = \sin\frac{2\pi f_i x}{c_0} \tag{3-19}$$

对于非锚固段 $l=1$ m、直径为 20 mm 的锚杆，弹簧刚度 k 从 0～1 000 kN 等间隔时，锚杆纵向振动的基频 f_1 与弹簧刚度 k 的变化曲线如图 3-4 所示。

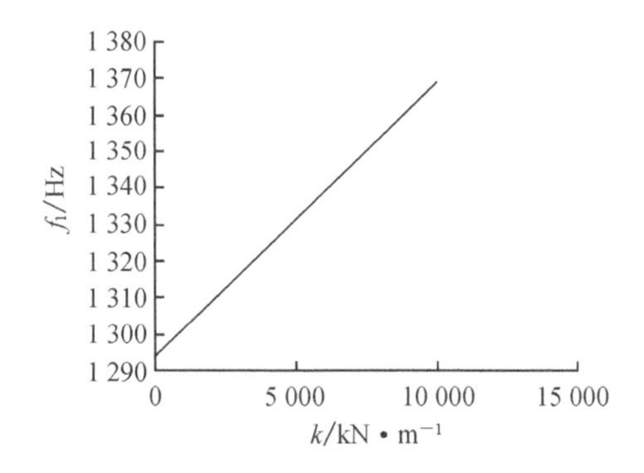

图 3-4　弹簧刚度一基频关系曲线

当 $k=0$ 时，式(3-17)即成为左端固定、右端自由的杆(无预应力锚杆)的频率方程，解出固有频率为：

$$f_i=\frac{(i-1/2)\cdot c_0}{2l},i=1,2,\cdots \tag{3-20}$$

当 $k\to\infty$ 时，式(3-17)两边同除以 k，则成为两端固定的杆的频率方程，解出固有频率为：

$$f_i=\frac{i\cdot c_0}{2l},i=1,2,\cdots \tag{3-21}$$

从图 3-3、图 3-4 可以看出，随着弹簧刚度 k 的增大，锚杆纵向振动的基频也近似线性增大，也即随着轴向工作载荷的增大，锚杆支护系统的纵向振动基频也相应增大，基频与轴向工作载荷的变化关系由锚杆外端部(靠巷道壁)围岩和托板的物理力学性质所决定。

四、弹性支承-固定锚杆振动模态分析

式(3-18)所示的超越方程只能通过数值分析方法求解，而且只是近似解，对于不同的弹簧刚度 k 值必有对应的预应力锚杆各阶振动频率与之相对应。表 3-1 列出了取不同的弹簧刚度 k 值时，非锚固段长度 1.3 m 的预应力锚杆(Φ20 mm)振动前 8 阶频率。从表中可以看出，随着弹簧刚度 k 值的增大，预应力锚杆振动的频率都相应增大，但随着频率阶数的增大，其频率变化的幅度越来越小。

表 3-1　振动频率与弹簧刚度的关系

弹簧刚度	1 阶频率	2 阶频率	3 阶频率	4 阶频率	5 阶频率	6 阶频率	7 阶频率	8 阶频率
5e6	1 033.5	2 986.1	4 976.4	6 967.0	8 953.2	10 944.6	12 935.7	14 926.6
1e7	1 069.0	3 012.1	4 976.4	6 967.0	8 953.2	10 944.6	12 935.7	14 926.6
5e7	1 282.3	3 111.3	5 054.3	7 023.2	8 957.6	10 948.2	12 938.8	14 929.0
1e8	1 446.5	3 220.3	5 127.8	7 077.7	9 044.5	11 019.7	12 938.8	14 929.0
5e8	1 811.6	3 646.2	5 513.3	7 410.6	9 331.2	11 268.7	13 218.3	15 176.6

第二节　波在非锚固段中传播规律分析

一、波的弥散

对于无限均匀弹性介质中的波，只有膨胀波和等容积波这两种体波存在，它们分别以各自的特征速度传播，而无波形的耦合。由于有介质性质不连续面的存在，波将与界面发生复杂的相互作用并会导致波的类型的变化。对于波在一个弹性半空间表面处的反射和两个弹性半空间交界面处的反射与透射这两种情况，由于只有一个界面存在，波只经受一次反射和透射，各种类型的反射波、透射波及交界面波均以恒定的速度传播，而且传播速度仅与介质材料密度和弹性介质有关，而不依赖于波动本身的特性。然而，当介质中有一个以上的交界面存在时，就会形成一些具有一定厚度的“层”。位于层中的波将要经受多次的来回反射，这些往返将会产生复杂的干扰。由于层的厚度这种几何尺寸的影响，使得在层中传播的波的速度将依赖于波的频率，从而导致弹性波的几何弥散。如果我们考虑一个弹性半空间被平行于表面的另一平面所截，从而使其厚度方向成为有界的，就构成了一个无限延伸的弹性平板。根据以上讨论不难想象，位于板内的 P 波和 SV 波以及 SH 波将会在两个平行的边界上产生来回的反射而沿平行于板面的方向行进，即平行的边界制导着波在板内传播。这样的一个系统常称为平板弹性波导。除此之外，棒、壳及层状的弹性体也都是典型的弹性波导。弹性波导的共同特征是由两个或更多的平行平面存在(实心圆杆例外)，而引入一个或更多的特征尺寸(如厚度、直径等)到问题中来，从而使得波动具有弥散的性质[82]。

考虑初值问题，若 $t=0$ 时施加于系统的扰动为 $\psi = F(x)$，可将其展成简谐函数的叠加

$$F(x) = \sum_{k=1}^{n} A(k)\exp(\mathrm{i}kx) \tag{3-22}$$

如果 $t>0$，有

$$\begin{aligned}\psi(x,t) &= \sum_{k=1}^{n} A(k)\exp\{\mathrm{i}k[x-c(k)t]\} \\ &= \sum_{k=1}^{n} A(k)\exp\{\mathrm{i}[kx-\omega(k)t]\}\end{aligned} \tag{3-23}$$

其中 $c(k)=\dfrac{\omega(k)}{k}$，则根据波动的意义，$\psi(x,t)$代表了一个波动。此处 k 称为简谐波的圆波数；$c(k)$和 $\omega(k)$分别为波数为 k 的简谐波的相速度(或称波速)和圆频率。一般情况下它们可能是复函数，我们称 $\omega=\omega(k)$为系统的弥散关系。随着弥散关系的不同，波动将呈现出不同的特征。现根据 $\omega(k)$的性质对系统或波动进行如下分类：

① 如果 $\omega(k)$ 是实函数，且正比于 k，则相速度 c 与波数 k 无关。这个系统是简单的，此时的波动在传播过程中速度不变，形状不变，故称这样的波动为简单波或者非弥散非耗散波。

② 如果 $\omega(k)$ 是关于 k 的非线性实函数，即 $\omega''(k) \neq 0$，我们称系统是弥散的。在此情形下不同波数的简谐波具有不同的传播速度。于是初始扰动的波形随着时间的发展将发生波形歪曲，这样的波称为弥散波。根据引起弥散的原因不同，可分为物理弥散和几何弥散。前者是由于介质的特性所引起(除黏弹性波外，通常认为介质为非弥散的)，弥散的关系可由问题的支配方程来导出，后者是由于几何效应所引起，其弥散关系往往由边界条件来确定。几何弥散效应是由于把几何上某些特征尺寸引入问题中来所导致的。

③ 如果 $\omega(k)$ 是复函数，则波的相速度由 $\omega(k)/k$ 的实部给出。如令

$$\omega(k) = a(k) + \mathrm{i} \cdot b(k) \tag{3-24}$$

则式(3-23)可写成

$$\psi(x,t) = \sum A(k)\exp[b(k)t]\exp\{\mathrm{i}[kx - a(k)t]\} \tag{3-25}$$

基于物理上的要求 $b(k)$ 应为负的。上式给出的波既有弥散又有耗散效应，称为耗散波。

如果 $\omega(k)$ 是纯虚函数，则不能给出波动现象，这时实际上是描述了一个扩散过程。

若要判别一个系统或过程是否为弥散的，只需假定问题有形如 $A\exp[\mathrm{i}(kx - \omega t)]$ 的基本解，将其代入问题的支配方程(有时要满足边界条件)就得到 ω 和 k 的关系 $G(\omega,k) = 0$ 或 $\omega=\omega(k)$。如对于梁的运动方程

$$\psi_{tt} + \gamma^2 \psi_{xxxx} = 0 \tag{3-26}$$

可得其弥散关系为 $\omega = \pm\gamma k^2$，故知梁中的弯曲波是弥散的。

显然在一个弥散系统中，具有峰状的脉冲扰动随着时间的发展将逐渐变得平缓下来。在描述系统的弥散特征时，弥散关系和群速度是两个基本而重要的概念。顺便指出，在系统中若存在某种非线性效应时，常会使波形向陡峭的趋势发展，甚至导致解的破坏。如果系统中同时存在着弥散效应，则弥散效应将会抑制由于非线性效应引起的波的陡峭。也就是说，这两种具有相反趋势的效应共同作用的效果，在一定的条件下可以造成陡峭而又光滑的波形随时间发展而持续地传播下去，从而有可能导致弧波的出现。

二、Rayleigh-Love 杆的纵向振动

为了改善初等理论的结果，Rayleigh 考虑了杆的横向惯性，而保留了初等理论中的其他假定，提出了一种校正方案，得到了第一模态在 $\xi\to 0$ 时的二阶近似。Love 基于能量的考虑，导出了考虑横向惯性的杆的运动方程。在初等理论假定下

并考虑横向惯性的杆常称为 Rayleigh-Love 杆。现在用 Hamilton 原理来推导这种杆的运动方程。

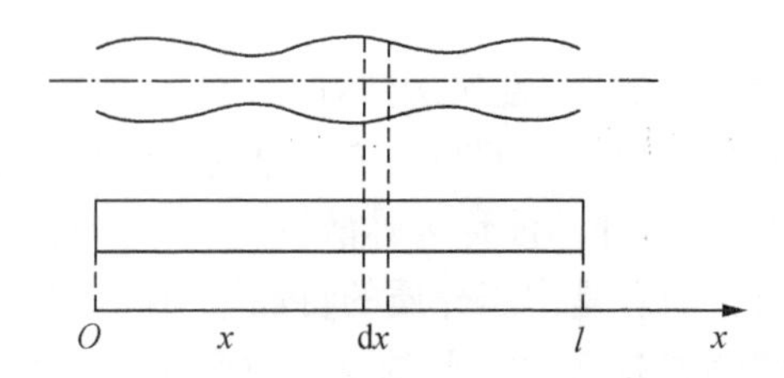

图 3-5 任意截面形状的杆纵向振动

考虑如图 3-5 所示的具有任意截面形状的杆。设杆的纵向位移为 $u(x,t)$，则应变为

$$\varepsilon_x = \frac{\partial u}{\partial x}, \varepsilon_y = \varepsilon_z = -\upsilon\frac{\partial u}{\partial x} \tag{3-27}$$

其中 υ 为泊松比。

侧向位移为

$$v = \varepsilon_y y, w = \varepsilon_z z \tag{3-28}$$

利用式(3-27),(3-28)则得

$$v = -\upsilon y\frac{\partial u}{\partial x}, w = -\upsilon z\frac{\partial u}{\partial x} \tag{3-29}$$

任意时刻杆的动能为

$$\begin{aligned} K(t) &= \frac{1}{2}\iiint_V \frac{\mathrm{d}u_i}{\mathrm{d}t}\frac{\mathrm{d}u_i}{\mathrm{d}t}\rho \mathrm{d}V \\ &= \frac{\rho}{2}\iint_A\left[\dot{u}^2 + \upsilon^2(y^2+z^2)\left(\frac{\partial \dot{u}}{\partial x}\right)^2\right]\mathrm{d}A \\ &= \frac{\rho A}{2}\int_0^l\left[\dot{u}^2 + \upsilon^2 r_{gp}^2\left(\frac{\partial \dot{u}}{\partial x}\right)^2\right]\mathrm{d}x \end{aligned} \tag{3-30}$$

其中 r_{gp} 为截面极回转半径，ρ 为密度。因仅有唯一的轴向应力存在，则杆的势能为

$$U(t) = \iint_V A(\varepsilon_{ij})\mathrm{d}V = \frac{EA}{2}\int_0^l\left(\frac{\partial u}{\partial x}\right)^2\mathrm{d}x \tag{3-31}$$

此处 $A(\varepsilon_{ij})$ 是应变能密度函数，E 为弹性模量，A 为截面积。

应用给定位移边界条件和几何关系的有条件的 Hamilton 变分原理来推导，于是由

$$\delta\int_0^{t_1}\left\{\int_V\left[\frac{1}{2}\rho\frac{\mathrm{d}u_i}{\mathrm{d}t}\frac{\mathrm{d}u_i}{\mathrm{d}t} - A(\varepsilon_{ij}) + \rho b_i u_i\right]\mathrm{d}V + \int_{S_u} T_i u_i \mathrm{d}S\right\}\mathrm{d}t = 0 \tag{3-32}$$

可得杆的变分方程为

$$\delta\int_0^{t_1}\mathrm{d}t\int_0^l\left\{\frac{1}{2}\rho\left[(\dot{u})^2+\upsilon^2r_{gp}^2\left(\frac{\partial\dot{u}}{\partial x}\right)^2\right]-\frac{1}{2}E\left(\frac{\partial u}{\partial x}\right)^2+Xu\right\}\mathrm{d}x+\int_0^{t_1}[\overline{T}\delta u]_0^l\,\mathrm{d}t=0 \tag{3-33}$$

其中 X 为 x 方向的重力，$\overline{T}$ 为给定了力的边界条件的端部面力，上式是按两端均为力的边界条件写出的。如两端均给定位移边界条件，则上式中第二个积分因 δu 为零而消失。

$$\begin{aligned}\delta\int_0^{t_1}\mathrm{d}t\int_0^l\frac{1}{2}\rho(\dot{u})^2\mathrm{d}x&=\frac{\rho}{2}\int_0^l\mathrm{d}x\int_0^{t_1}\delta(\dot{u})^2\mathrm{d}t\\&=\frac{\rho}{2}\int_0^l2\{[\dot{u}\delta u]_0^{t_1}-\int_0^{t_1}\ddot{u}\delta u\,\mathrm{d}t\}\mathrm{d}x\\&=-\rho\int_0^l\mathrm{d}x\int_0^{t_1}\ddot{u}\delta u\,\mathrm{d}t\end{aligned} \tag{3-34}$$

$$\begin{aligned}\delta\int_0^{t_1}\mathrm{d}t\int_0^l\frac{\rho}{2}\upsilon^2r_{gp}^2\left(\frac{\partial\dot{u}}{\partial x}\right)^2\mathrm{d}x&=\frac{\rho}{2}\upsilon^2r_{gp}^2\int_0^l\mathrm{d}x\int_0^{t_1}\delta\left(\frac{\partial\dot{u}}{\partial x}\right)^2\mathrm{d}t\\&=-\rho\upsilon^2r_{gp}^2\int_0^l\mathrm{d}x\int_0^{t_1}\frac{\partial\ddot{u}}{\partial x}\cdot\frac{\partial(\delta u)}{\partial x}\mathrm{d}t\\&=-\rho\upsilon^2r_{gp}^2\int_0^{t_1}\mathrm{d}t\int_0^l\frac{\partial\ddot{u}}{\partial x}\cdot\frac{\partial(\delta u)}{\partial x}\mathrm{d}x\\&=-\rho\upsilon^2r_{gp}^2\int_0^{t_1}\{\left[\frac{\partial\ddot{u}}{\partial x}\delta u\right]_0^l-\int_0^l\frac{\partial^2\ddot{u}}{\partial x^2}\delta u\,\mathrm{d}x\}\mathrm{d}t\end{aligned} \tag{3-35}$$

$$\begin{aligned}\delta\int_0^{t_1}\mathrm{d}t\int_0^l\frac{1}{2}E\left(\frac{\partial u}{\partial x}\right)^2\mathrm{d}x&=\frac{E}{2}\int_0^{t_1}\mathrm{d}t\int_0^l2\frac{\partial u}{\partial x}\frac{\partial(\delta u)}{\partial x}\mathrm{d}x\\&=E\int_0^{t_1}\mathrm{d}t\{\left[\frac{\partial u}{\partial x}\delta u\right]_0^l-\int_0^l\frac{\partial^2u}{\partial x^2}\delta u\,\mathrm{d}x\}\end{aligned} \tag{3-36}$$

将式(3-34)、式(3-35)、式(3-36)代入式(3-33)得

$$\int_0^l\int_0^{t_1}\rho\left(c_0^2\frac{\partial^2u}{\partial x^2}-\ddot{u}+\upsilon^2r_{gp}^2\frac{\partial^2\ddot{u}}{\partial x^2}+\frac{X}{\rho}\right)\delta u\,\mathrm{d}t\mathrm{d}x-\int_0^{t_1}\left[\left(E\frac{\partial u}{\partial x}-\overline{T}+\upsilon^2r_{gp}^2\frac{\partial\ddot{u}}{\partial x}\right)\delta u\right]_0^l\mathrm{d}t=0 \tag{3-37}$$

因为 δu 在 0 到 t_1 时间内是任意的，则上式中两个积分分别为零。由第一个积分为零，便得到 Rayleigh-Love 杆的运动方程

$$\frac{\partial^2u}{\partial x^2}=\frac{1}{c_0^2}\left(\ddot{u}-\upsilon^2r_{gp}^2\frac{\partial^2\ddot{u}}{\partial x^2}\right)-\frac{X}{E} \tag{3-38}$$

由第二个积分为零则给出杆端应力型边界条件

$$\overline{T}=E\frac{\partial u}{\partial x}+\upsilon^2\rho r_{gp}^2\frac{\partial\ddot{u}}{\partial x} \tag{3-39}$$

考虑到基本解 $u(x,t)=A\exp[\mathrm{i}(kx-\omega t)]$，并令 $X=0$，则由式(3-38)可得到如下弥散关系：

$$c_0^2k^2=\omega^2+\upsilon^2r_{gp}^2k^2\omega^2 \tag{3-40}$$

式中，ω 为圆频率；k 为波数。

由此可知，对于半径为 a 的圆杆，$r_{gp}^2=a^2/2$，圆频率为 ω 的谐波相速 c 按下式确定：

$$\frac{c_0^2}{c^2}=1+2\pi^2\upsilon^2\cdot\frac{a^2}{\lambda^2} \tag{3-41}$$

式(3-41)表明，高频波(短波)的传播速度较低，而低频波(长波)的传播速度较高。对于线弹性波来说，可以由不同频率的谐波分量叠加组成，而不同频率的谐波现在将按自己的相速传播，因此波形不能再保持原形而必定在传播中散开来了，即发生所谓的弥散现象。

三、非锚固段中波的传播速度

在桩基检测中，对锤击力的模拟常采用半正弦波来模拟，但半正弦波的一阶导数不连续。为此，在锚杆动力检测模拟中采用公式(3-42)模拟。即：

$$p(t)=\begin{cases}\dfrac{I}{t_0}\left(1-\cos\dfrac{2\pi}{t_0}t\right) & 0\leqslant t\leqslant t_0\\ 0 & 其他\end{cases} \tag{3-42}$$

式中，I，t_0分别为激振力的冲量和作用时间。

于是激振力的一阶导数可表示为公式(3-43)。即：

$$\frac{\mathrm{d}p(t)}{\mathrm{d}t}=\begin{cases}\dfrac{2\pi I}{t_0^2}\sin\dfrac{2\pi t}{t_0} & 0\leqslant t\leqslant t_0\\ 0 & 其他\end{cases} \tag{3-43}$$

用式(3-43)表示的瞬态激振力比惯用的半正弦波形式激振力的效果好，原因是其自身及其一阶导数连续[83]。

式(3-42)中 t_0取 60 μs 时的频谱曲线如图 3-6 所示。

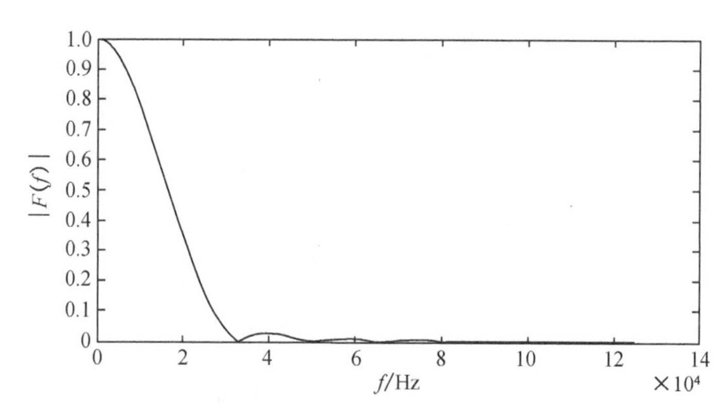

图 3-6　t_0=60 μs 时锤击力频谱曲线

从图 3-6 可以看出，主瓣频宽 f_0约为 30 kHz，即

$$f_0 \approx \frac{1.8}{t_0} \tag{3-44}$$

为研究不同直径杆体波的弥散性，选择煤矿常用的长 2 m、直径分别为 Φ16 mm、Φ18 mm、Φ20 mm、Φ22 mm、Φ24 mm 的锚杆进行数值模拟，其中杆体的弹性模量取 210 GPa、密度取 7 800 kg/m^3、泊松比取 0.2，建立的有限元网格如图 3-7 所示。采用 ANSYS/LS-DYNA 软件计算可得锤击作用时间为 60 μs，直径为 Φ16 mm、Φ18 mm、Φ20 mm、Φ22 mm、Φ24 mm 的锚杆的加速度时域波形如图 3-8、3-9、3-10、3-11、3-12 所示。

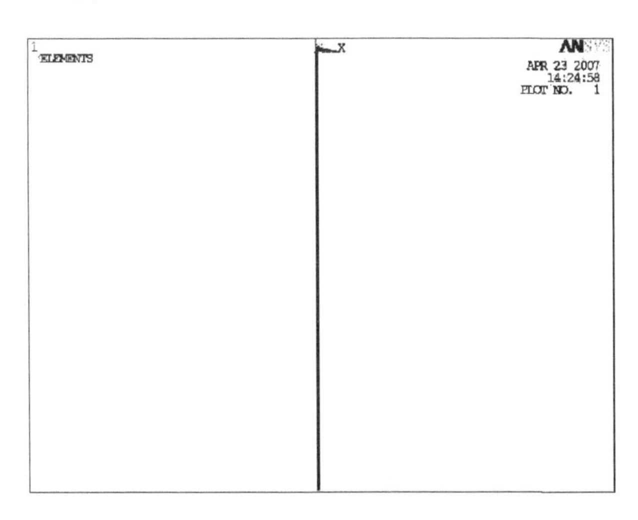

图 3-7　Φ20 mm 锚杆杆体有限元网格

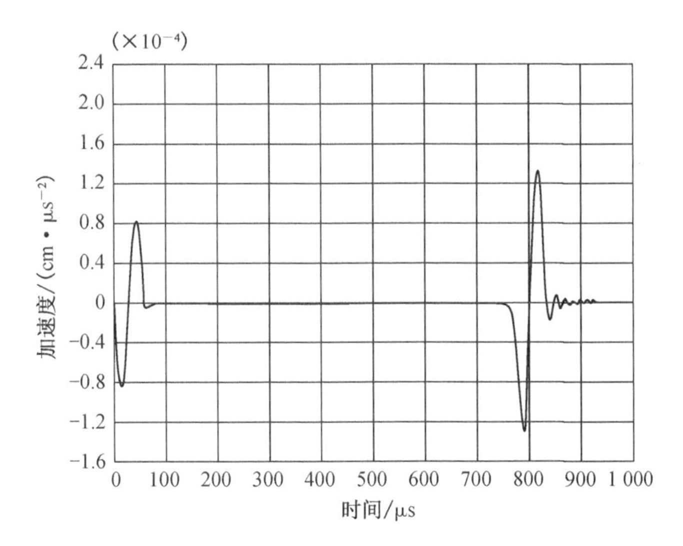

图 3-8　Φ16 mm 的锚杆杆端中心点加速度-振动时间波形图

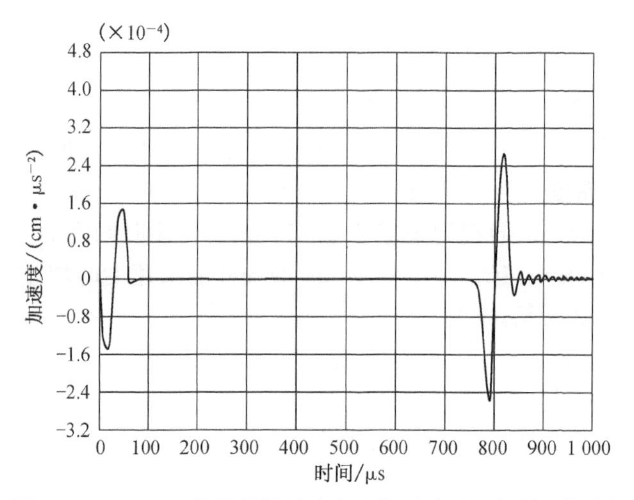

图 3-9　Φ18 mm 的锚杆杆端中心点加速度-振动时间波形图

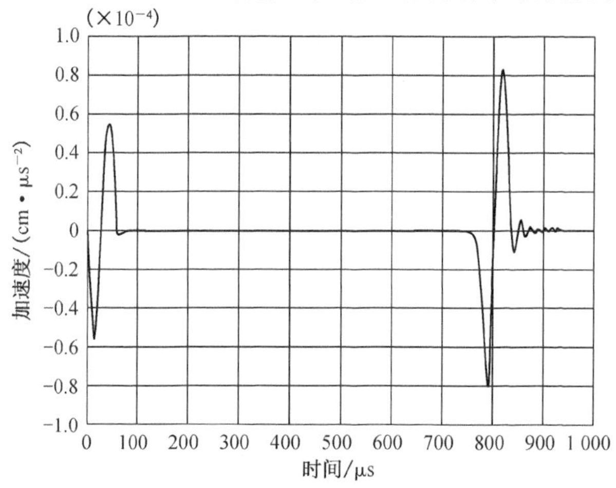

图 3-10　Φ20 mm 的锚杆杆端中心点加速度-振动时间波形图

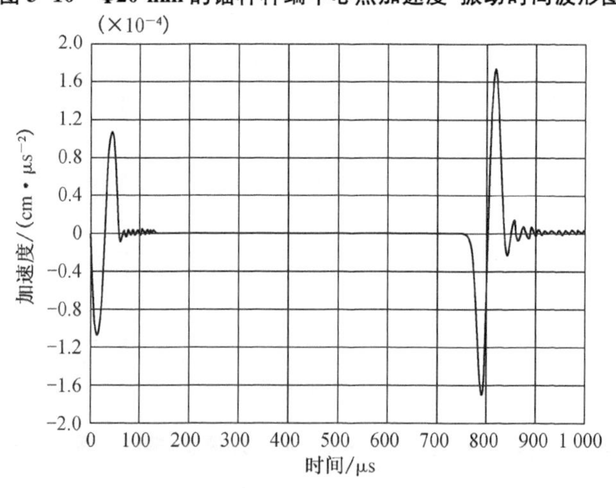

图 3-11　Φ22 mm 的锚杆杆端中心点加速度-振动时间波形图

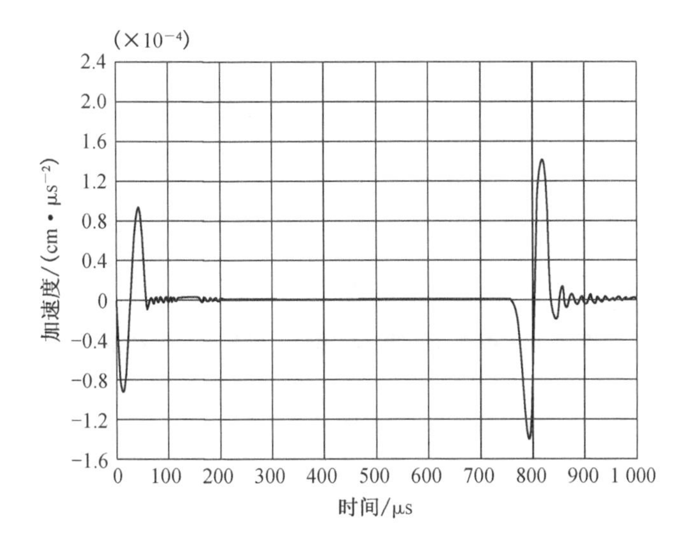

图3-12　Φ24 mm 的锚杆杆端中心点加速度-振动时间波形图

从图 3-8～图 3-12 可以看出，直径越大，波的几何弥散性越明显。

采用 ANSYS/LS-DYNA 软件计算直径为 Φ16 mm、Φ18 mm、Φ20 mm、Φ22 mm、Φ24 mm 的锚杆的锤击时间与杆体纵波传播速度的关系如图 3-13～图 3-17 所示。

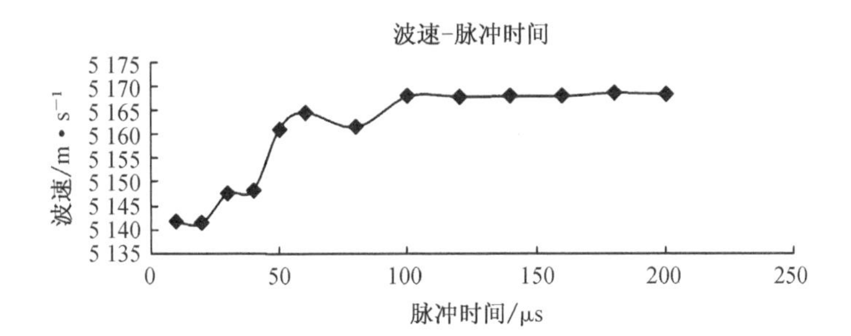

图 3-13　Φ16 mm 的锚杆锤击时间与波速的关系

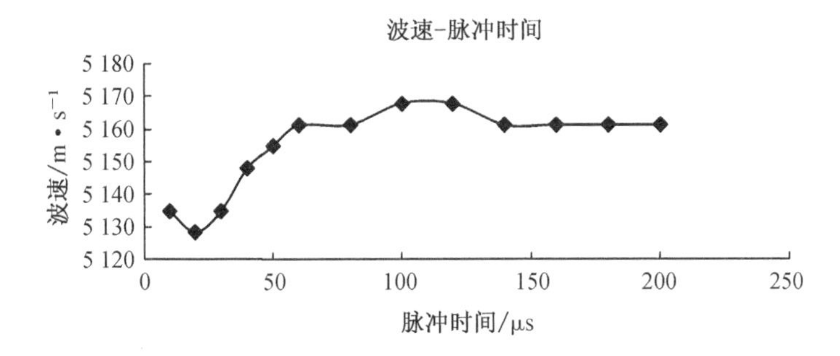

图 3-14　Φ18 mm 的锚杆锤击时间与波速的关系

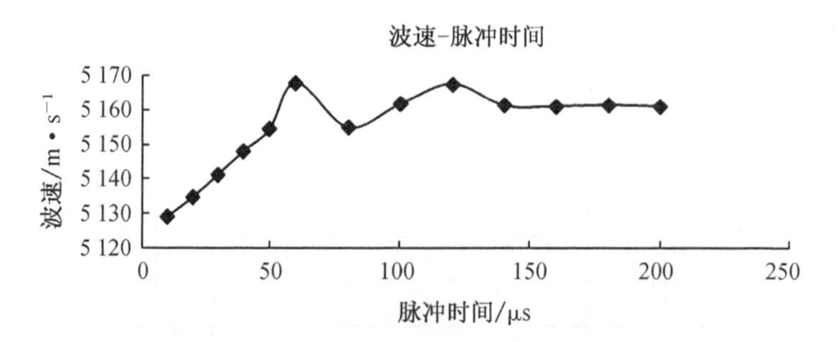

图 3-15　Φ20 mm 的锚杆锤击时间与波速的关系

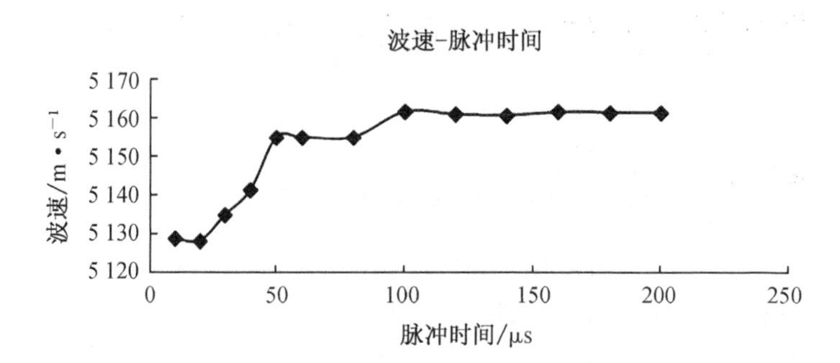

图 3-16　Φ22 mm 的锚杆锤击时间与波速的关系

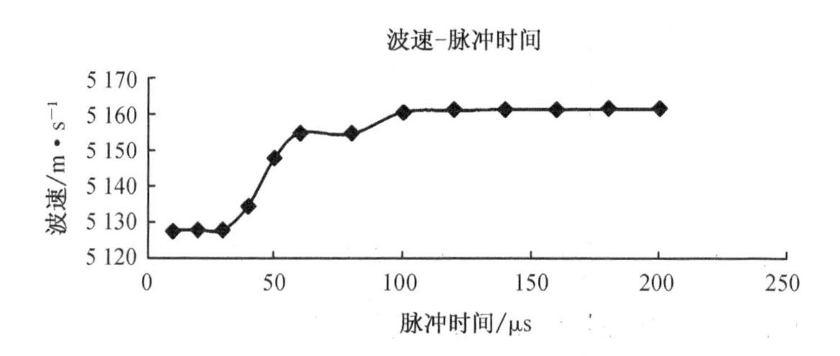

图 3-17　Φ24 mm 的锚杆锤击时间与波速的关系

从图 3-13～图 3-17 可以看出，直径越大，波的弥散性越明显；锤击作用时间越短，波的弥散性越明显；锤击力作用时间大于 160 μs 时，波的弥散现象基本消失，也即脉冲截止频率应基本控制在 11.25 kHz（由式 3-44 可得）以下。

第三节　锚固体纵向振动波速分析

一、杆体-树脂锚固体波速

对一均匀固体介质，它沿 x 方向的长度是半无限的，如图 3-18 所示。介质的横截面可以是有限尺寸的任意形状，也可以是在一个或两个方向上无界的。换句话说，我们现在考察的可以是杆，也可以是无限宽的板，或是半无限介质。在物体左端，我们施加一个如图 3-18 所示的正向阶跃型速度输入 v。我们假设介质的本构方程和介质的几何形状具有这样的性质：正应力 σ_x 在整个横截面上是恒值，而波阵面以不变的速度 c 向右传播。过了一段时间以后，波阵面将把应力区和零应力区隔开，如图 3-18 所示。在某些情况下，在波阵面左侧一个小区域中应力场不是恒定不变的。如果这个可变的动态应力场以与波阵面相同的速度运动，而且其体积保持不变，那么我们就可以应用控制体积法[84]研究纵波在锚固体内的传播速度。

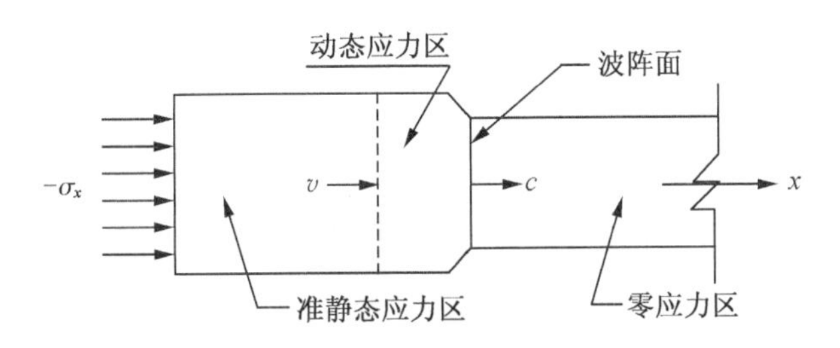

图 3-18　运动的波阵面

波阵面右边的介质假定是静止的，但有一个初始应力场 σ_{x_1}。如果材料有一个初始速度，本节中的公式仍然适用；此时 v 和 c 都是相对于波阵面右边材料的速度。按照惯用的控制体积方法，我们对整个物体叠加上一个左行速度 c，这样，波阵面相对于波阵面前方的质点就变成静止的了。取包含波阵面和紧跟其后的区域在内的一个有限控制体积，于是便可看到波阵面前方的物质以速度 c 向左进入控制体积，而以 $c-v$ 的速度离开控制区体积，如图 3-19 所示。在半无限弹性介质情况下，波阵面后方没有复杂应力场；波阵面两侧存在着应力和质点速度的突跃。

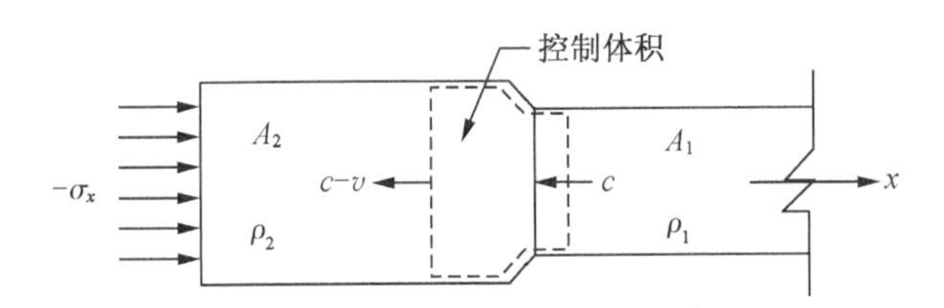

图 3-19　驻波波阵面和控制体积

现在我们可以写出单位时间穿过控制体积的质量守恒定理为：

$$c\rho_1 A_1 = (c-v)\rho_2 A_2 \tag{3-45}$$

动量守恒定理为：

$$\sigma_{x_2}A_2-\rho_2A_2(c-v)^2=\sigma_{x_1}A_1-\rho_1A_1c^2 \tag{3-46}$$

其中，ρ 是质量密度，A 是控制体积的横截面积，σ_x是正应力，下标 1 和 2 分别表示波阵面前和波阵面后的量。对于半无限体情况，A_1和 A_2都取为 1。

这里，所需要的本构方程分量只有法向应力-应变关系(或更确切地说，是 x 方向上的应力-伸长率关系)和面积比 A/A_0，这里下标 0 指未受应力的状态。我们把两个本构方程写成如下形式：

$$\sigma_x=\sigma_x(E_x) \tag{3-47}$$

$$A/A_0=f(E_x) \tag{3-48}$$

其中，E_x是微元相对于未变形状态的伸长率，它可用下式来定义

$$E_x=\frac{\mathrm{d}x-\mathrm{d}x_0}{\mathrm{d}x_0} \tag{3-49}$$

式(3-47)和式(3-48)可以是线性的、非线性的、弹性的或塑性的。伸长率 E_x 既适用于有限变形，也适用于无限小变形，并且它与拉格朗日法向应变 ε_x 有如下关系：

$$E_x=(1+2\varepsilon_x)^{1/2}-1 \tag{3-50}$$

对于小应变来说，$E_x=\varepsilon_x$。如果给定材料的 $\sigma_x=\sigma_x(\varepsilon_x)$ 关系已知，则应力-伸长率关系式(3-47)可由式(3-50)得到。

现在我们引进一个量 ε，它是状态 1 和状态 2 之间的相对伸长率，其定义为

$$\varepsilon=\frac{\mathrm{d}x_2-\mathrm{d}x_1}{\mathrm{d}x_1}=\frac{\dfrac{1}{\rho_2A_2}-\dfrac{1}{\rho_1A_1}}{\dfrac{1}{\rho_1A_1}}=\frac{\rho_1A_1-\rho_2A_2}{\rho_2A_2} \tag{3-51}$$

上式中假设控制体积为 1。

可以证明，ε 与 E_x有如下关系：

$$\varepsilon=\frac{E_{x_2}-E_{x_1}}{E_{x_1}+1} \tag{3-52}$$

对小变形情况来说，上述关系可简化为

$$\varepsilon\approx E_{x_2}-E_{x_1}=\Delta E_x \tag{3-53}$$

用不着规定本构方程(3-47)和(3-48)，从方程(3-45)、(3-46)和(3-51)就可得到

$$\varepsilon=-\frac{v}{c} \tag{3-54}$$

$$\Delta F_x=-\rho_1A_1cv \tag{3-55}$$

这里

$$\Delta F_x=\sigma_{x_2}A_2-\sigma_{x_1}A_1 \tag{3-56}$$

$$c^2 = \frac{1}{\rho_1 A_1} \frac{\Delta F_x}{\varepsilon} \tag{3-57}$$

其中,式(3-54)就是大家熟知的运动学条件,式(3-55)为动力学条件,式(3-57)给出波阵面速度。这三个方程都是严格的;对单向应力和单向应变问题都是对的,而同所遇到的本构关系类型无关。在这一点上还要再次强调,v 和 c 都是相对于波阵面前方物质的速度。

为了方便起见,我们将限于讨论小变形和波阵面前方为无应变状态的问题;这种限制具体体现为

$$\sigma_{x_1} = 0, \rho_1 = \rho_0, A_1 = A_0 \text{ 和 } E_{x_2} = \varepsilon_{x_2} = \varepsilon \tag{3-58}$$

我们首先考察一根侧表面没有外部拉力,并具有线性应力-应变关系 $\sigma_x = EE_x$ 的杆,其中 E 为杨氏模量。于是式(3-56)化为

$$\Delta F_x = A_2 \sigma_{x_2}$$

式(3-57)变为

$$c^2 = \frac{EA_2}{\rho_0 A_0} \tag{3-59}$$

其中

$$A_2/A_0 = (1 - \upsilon\varepsilon_{x_2})^2 = \left(1 + \upsilon \frac{v}{c}\right)^2 \tag{3-60}$$

如果像在经典的杆分析中那样,不考虑由于泊松效应在杆中所引起的面积变化,则式(3-59)便化为熟悉的杆的波速。

在小应变的情况下[84],当波传播到锚固段内时,锚固介质与锚杆的界面发生畸变,且沿弯曲表面有动态剪应力产生(图 3-20)。

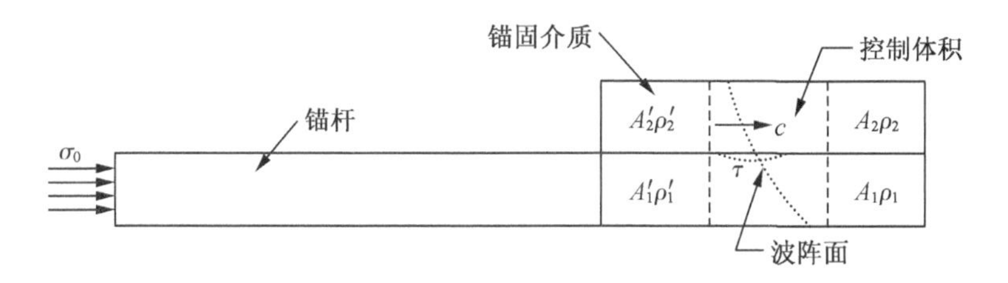

图 3-20　选定控制体积

根据锚杆和锚固介质的稳态连续方程[44]可得:

$$\rho'_1 A'_1 (c - v) = \rho_1 A_1 c \tag{3-61}$$

$$\rho'_2 A'_2 (c - v) = \rho_2 A_2 c \tag{3-62}$$

其中,"′"代表准静态,1 代表锚杆,2 代表锚固介质,c 代表波速,v 代表质点速度,A 代表控制体积的横截面积。

由于波阵面前物质是未受应变的,则相对伸长率 ε 就等于伸长率 E_x,伸长率

E_x也等于ε_x，而相对伸长率ε可定义为：

$$\varepsilon = \frac{dx_2 - dx_1}{dx_1} = \frac{\rho_1 A_1 - \rho_2 A_2}{\rho_2 A_2} = \frac{\rho_1 A_1}{\rho_2 A_2} - 1 \tag{3-63}$$

由式(3-63)有：

$$\rho_1 A_1 = \rho'_1 A'_1 (1 + \varepsilon_{x_1}) \tag{3-64}$$

$$\rho_2 A_2 = \rho'_2 A'_2 (1 + \varepsilon_{x_2}) \tag{3-65}$$

式(3-64)、(3-65)分别与式(3-61)、(3-62)相比较，有：

$$\varepsilon_{x_1} = \varepsilon_{x_2} = -\frac{v}{c} \tag{3-66}$$

控制体积左边，即在准静态应变中，材料的单向应力-应变关系可用一般形式表达为：

$$\sigma_{x_1} = E_1 \varepsilon_{x_1}, \sigma_{x_2} = E_2 \varepsilon_{x_2} \tag{3-67}$$

又根据控制体积动量方程可得：

$$\sigma'_{x_1} A'_1 + \sigma'_{x_2} A'_2 = -c \cdot v \cdot (\rho_1 A_1 + \rho_2 A_2) \tag{3-68}$$

令

$$\alpha = \frac{A_1}{A_2} \tag{3-69}$$

$$\sigma_0 = \sigma_{x_1} A_1 + \sigma_{x_2} A_2 = (A_1 E_1 + A_2 E_2) \varepsilon_x \tag{3-70}$$

将式(3-67)、(3-68)、(3-69)、(3-70)联立求解可得到波阵面速度为：

$$c^2 = \left(\alpha E_1 \frac{A'_1}{A_1} + E_2 \frac{A'_2}{A_2}\right) / (\alpha \rho_1 + \rho_2) \tag{3-71}$$

其中，面积比$\frac{A'_1}{A_1}$和$\frac{A'_2}{A_2}$取决于所考察的特定问题的几何尺寸和锚杆、锚固介质的接触情况。一般来说，这两个面积比可表达为$\frac{v}{c}$或纵应变ε_x的函数。若忽略横向惯性效应影响，面积比$\frac{A'_1}{A_1}$和$\frac{A'_2}{A_2}$都为 1，则可近似得到波阵面的波速为：

$$c^2 = \frac{A_1 E_1 + A_2 E_2}{A_1 \rho_1 + A_2 \rho_2} \tag{3-72}$$

下面以煤矿常用树脂全长锚固锚杆进行数值模拟，杆长 1 m、直径分别为 16 mm 和 20 mm、弹性模量 210 GPa、密度 7 800 kg/m^3、泊松比 0.2；树脂的弹性模量 16 GPa、密度 1 800 kg/m^3、泊松比 0.25；锚固后锚固体的直径为 30 mm，依此建立的轴对称模型有限元网格如图 3-21 所示。根据式(3-72)计算的杆体直径为 16 mm 和 20 mm 的锚固体波速分别为 4 498.2 m/s、4 773.0 m/s。采用 LS-DYNA软件模拟在杆端作用一半正弦脉冲力(作用时间为 140 μs、160 μs)时，杆端中心点的时域速度波形如图 3-22～图 3-25 所示。

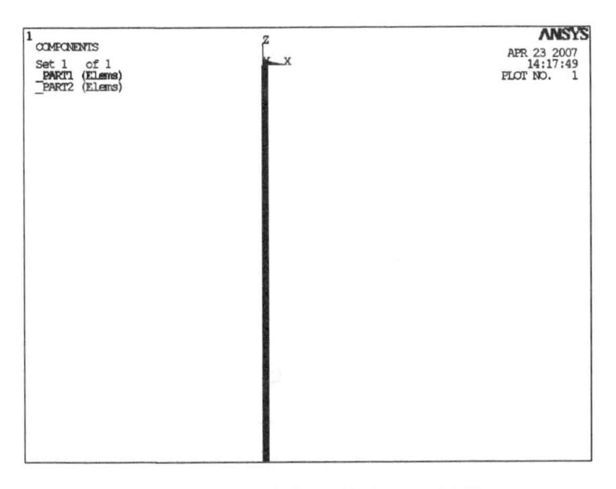

图 3-21　树脂锚固体有限元网格

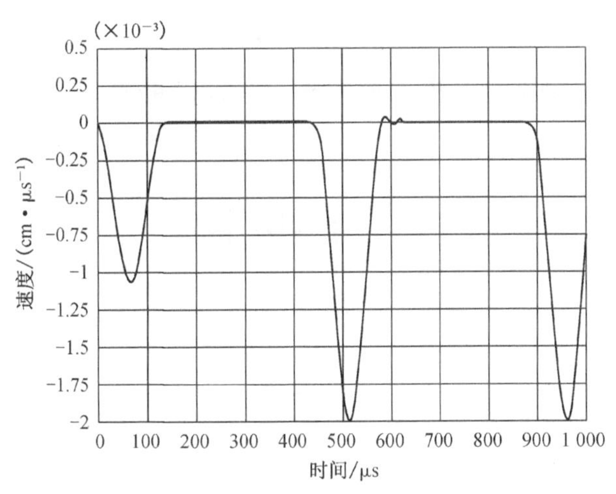

图 3-22　Φ16 mm(140 μs)的锚杆杆端中心点速度-振动时间波形图

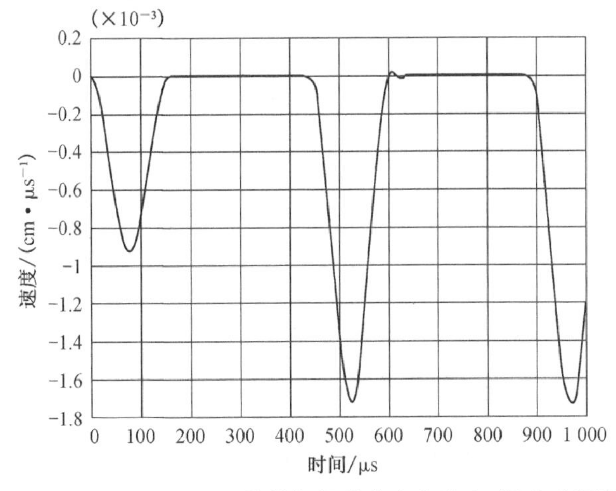

图 3-23　Φ16 mm(160 μs)的锚杆杆端中心点速度-振动时间波形图

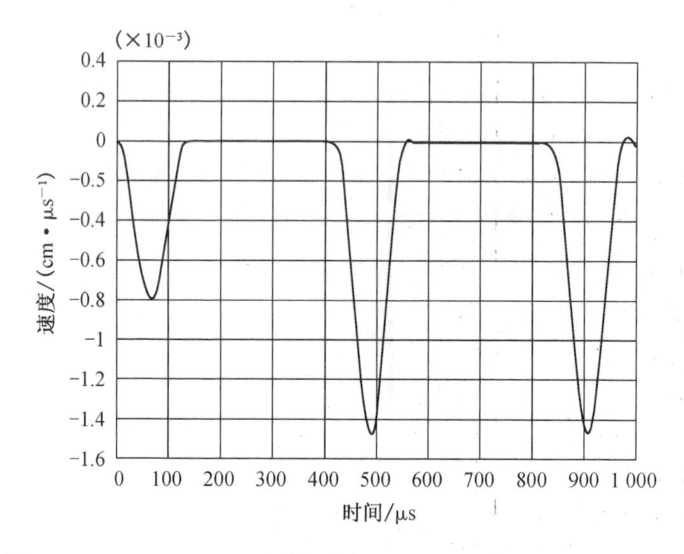

图 3-24　Φ20 mm(140 μs)的锚杆杆端中心点速度-振动时间波形图

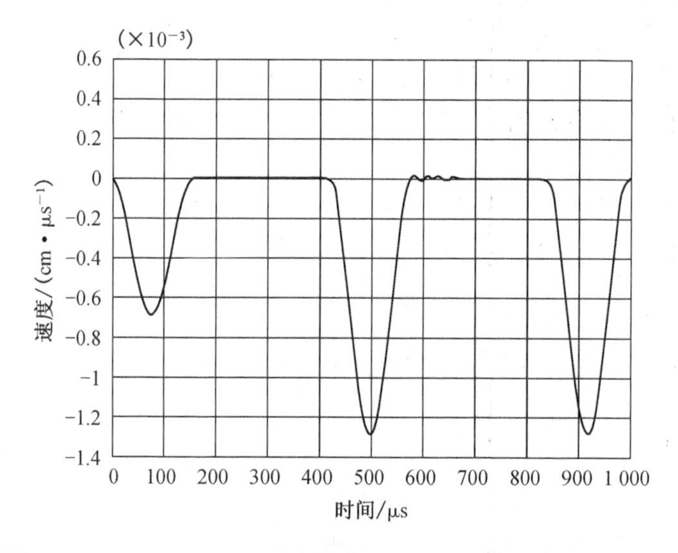

图 3-25　Φ20 mm(160 μs)的锚杆杆端中心点速度-振动时间波形图

由图 3-22～图 3-25 的第一次反射与第二次反射时间间隔分别可推算出锚固体波速为 4 494.4 m/s、4 504.2 m/s、4 773.0 m/s、4 773.3 m/s。显然，数值计算结果与理论公式计算结果是一致的，说明理论公式(3-72)是可以用于现场实测的。

二、杆体-树脂-围岩锚固体波速

下面以煤矿常用树脂全长锚固锚杆进行数值模拟，其中杆长 2 m、直径为 20 mm、弹性模量 210 GPa、密度 7 800 kg/m³、泊松比 0.2；树脂的弹性模量 16 GPa、密度 1 800 kg/m^3、泊松比 0.25；岩体的弹性模量 28 GPa、密度 2 500 kg/m^3、泊松比 0.25；锚固后锚固体的直径为 28 mm，树脂与围岩间设置 4 824 个分布弹簧，分布弹簧单元刚度参数 k 在 1～350 000 N/m 之间取值，轴对称模型有限元网格如图 3-26。由式(3-72)计算得杆体直径为 20 mm 的杆体-树脂锚固体波速为 4 853.2 m/s。采用 LS-DYNA 软件模拟当在杆端作用一半正弦脉冲力(作用时间为 60 μs)时，纵波在锚固体内的传播速度随 k 的变化关系如图 3-27 所示。从图 3-27 可以看出，当分布弹簧单元刚度参数 k 在 10 000～250 000 N/m 之间变化时，波速随分布弹簧单元刚度 k 的加大，其波速降低；当分布弹簧单元刚度参数 k 大于 250 000 N/m 时，波速在 3 400 m/s 上下浮动。另外，分布弹簧单元刚度参数 k 分别取 1 kN/m、200 kN/m 时，杆端中心点加速度时程曲线如图 3-28、图 3-29 所示。从图 3-28、图 3-29 可以看出，随着分布弹簧单元刚度的变大，锚固结束位置的反射波幅值越小，波在锚固段的反射就越强。

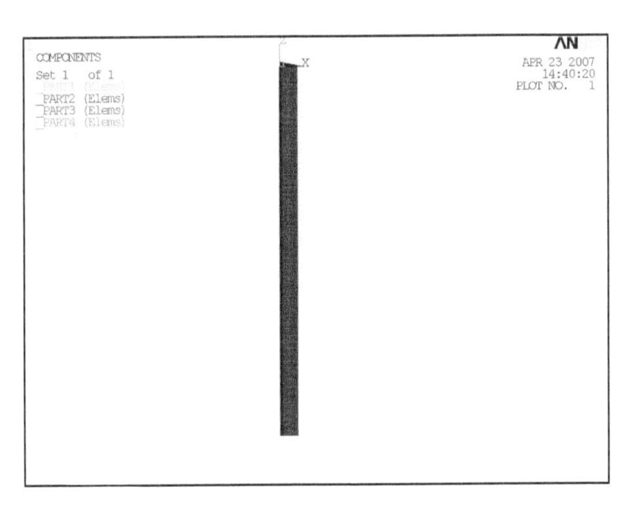

图 3-26　围岩-树脂锚固体有限元网格

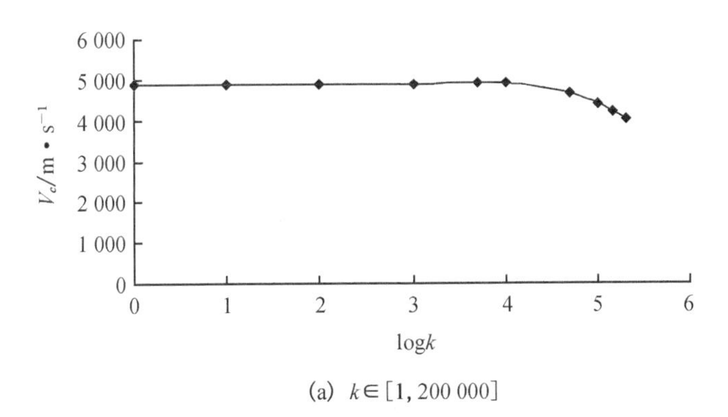

(a) $k \in [1, 200\ 000]$

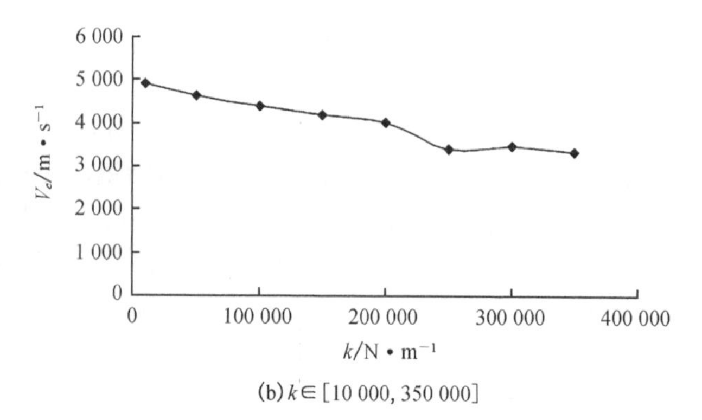

(b) $k\in[10\ 000, 350\ 000]$

图 3-27　波速 V_e 与黏结刚度 k 的关系

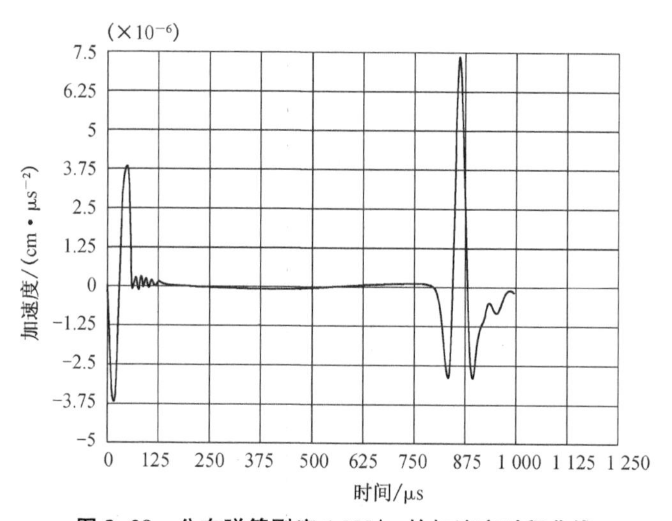

图 3-28　分布弹簧刚度 1 kN/m 的加速度时程曲线

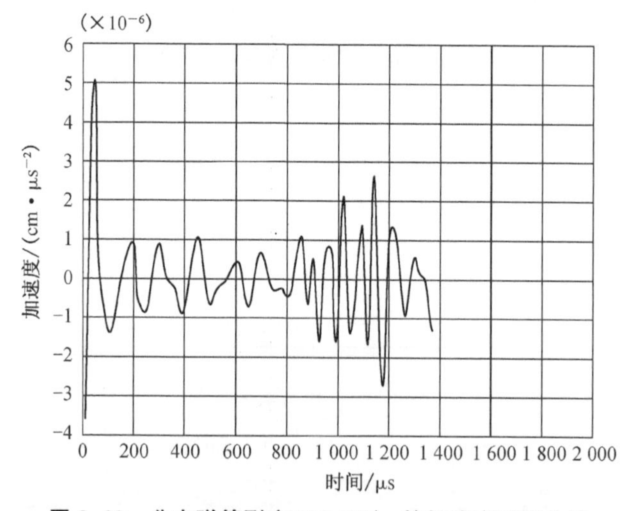

图 3-29　分布弹簧刚度 200 kN/m 的加速度时程曲线

第四节　纵波在锚杆中传播规律分析

一、在锚固段的反射与透射

现在讨论纵波在锚固段与锚杆的交界面处的反射和透射。在处理这类问题时，我们总是认为在交界面处，两种介质是密接的，于是在交界面处就给我们提供了位移、速度和力的连续条件，利用这些条件足以使我们建立入射波、反射波和透射波之间的关系。考虑如图 3-30 所示的两根半无限长杆在截面 M-N 处共轴密接。

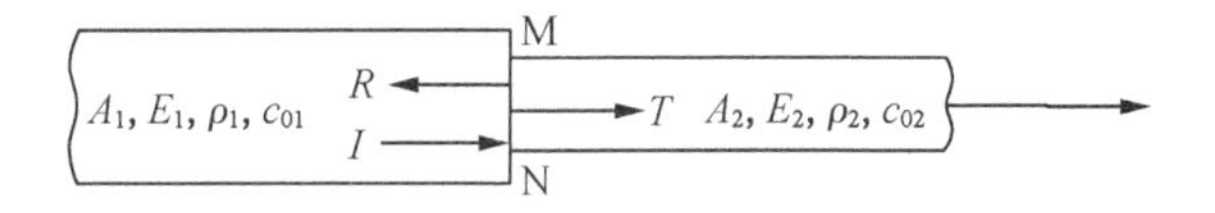

图 3-30　交界面的反射与透射

当一个右行波到达 M-N 截面时，将产生反射和透射。用 I,R,T 分别表示入射波、反射波和透射波。M-N 截面的左侧杆记为 1 杆，其相应的量加下标 1。交界面右侧杆记为 2 杆，其相应的量加下标 2。在交界面处连续性条件为

$$位移：u_1 = u_2 \quad u_I + u_R = u_T \tag{3-73}$$

$$速度：v_1 = v_2 \quad v_I + v_R = v_T \tag{3-74}$$

$$力：N_1 = N_2 \quad N_I + N_R = N_T \tag{3-75}$$

此处 N 表示杆中轴力。

若入射波的右行波为

$$u_I = F_I(x - c_{01}t) = F_I(\xi) \tag{3-76}$$

其中，$c_{01} = \sqrt{E_1/\rho_1}$，$\xi = x - c_{01}t$，$u_I$对 x 和 t 求偏导：

$$\begin{cases} \dfrac{\partial u_I}{\partial x} = \dfrac{\mathrm{d}F_I}{\mathrm{d}\xi} \\ \dfrac{\partial u_I}{\partial t} = -c_{01}\dfrac{\mathrm{d}F_I}{\mathrm{d}\xi} \end{cases} \tag{3-77}$$

由式(3-77)可得

$$\frac{\partial u_I}{\partial t} = -c_{01}\frac{\partial u_I}{\partial x} \tag{3-78}$$

同理对反射波和透射波有

$$\frac{\partial u_R}{\partial t} = c_{01}\frac{\partial u_R}{\partial x} \tag{3-79}$$

$$\frac{\partial u_I}{\partial t} = -c_{02}\frac{\partial u_T}{\partial x} \tag{3-80}$$

因速度 $v=\frac{\partial u}{\partial t}$，则将式(3-78)、(3-79)、(3-80)代入速度连续条件(3-74)可得

$$-c_{01}\frac{\partial u_I}{\partial x}+c_{01}\frac{\partial u_R}{\partial x}=-c_{02}\frac{\partial u_T}{\partial x} \tag{3-81}$$

注意到 $\frac{\partial u}{\partial x}=\varepsilon=\sigma/E=N/AE$，于是上式可改用轴向力来表达：

$$N_T=\alpha(N_I-N_R) \tag{3-82}$$

其中，$\alpha=\frac{c_{01}A_2E_2}{c_{02}A_1E_1}=\frac{\rho_2c_{02}A_2}{\rho_1c_{01}A_1}$。

联立解(3-75)、(3-82)两式可得

$$\begin{cases}N_R=\frac{\alpha-1}{\alpha+1}N_I=\xi_RN_I\\N_T=\frac{2\alpha}{\alpha+1}N_I=\zeta_TN_I\end{cases} \tag{3-83}$$

上式给出力的反射和透射系数，因

$$\begin{cases}N_I=A_1E_1\frac{\partial u_I}{\partial x}=-\frac{A_1E_1}{c_{01}}\frac{\partial u_I}{\partial t}\\N_R=A_1E_1\frac{\partial u_R}{\partial x}=\frac{A_1E_1}{c_{01}}\frac{\partial u_R}{\partial t}\\N_T=A_2E_2\frac{\partial u_T}{\partial x}=-\frac{A_2E_2}{c_{02}}\frac{\partial u_T}{\partial t}\end{cases} \tag{3-84}$$

将式(3-84)代入式(3-83)的第一式，得

$$\frac{A_1E_1}{c_{01}}\frac{\partial u_R}{\partial t}=-\frac{A_1E_1}{c_{01}}\frac{\alpha-1}{\alpha+1}\frac{\partial u_I}{\partial t} \tag{3-85}$$

积分上式得

$$u_R=-\frac{\alpha-1}{\alpha+1}u_I \tag{3-86a}$$

同理将式(3-84)代入式(3-83)的第二式，积分后得

$$u_T=\frac{2}{\alpha+1}u_I \tag{3-86b}$$

由式(3-86)可得位移、速度和加速度的反射和透射系数都为：

$$\frac{a_R}{a_I}=\frac{v_R}{v_I}=\frac{u_R}{u_I}=-\frac{\alpha-1}{\alpha+1}=-\zeta_R,\frac{a_T}{a_I}=\frac{v_T}{v_I}=\frac{u_T}{u_I}=\frac{2}{\alpha+1}=\frac{\zeta_T}{\alpha} \tag{3-87}$$

下面分别对式(3-83)和式(3-87)进行讨论：

(1) 由于 $\zeta_T>0$，所以透射波总是与入射波同号。

(2) $\alpha=1$，即 $Z_2/Z_1=1$，反射系数 $\zeta_R=0$，透射系数 $\zeta_T=1$，$F_R=F_I$。入射力波波形除随时间改变位置外，其他不变，相当于应力波不受任何阻碍地沿杆正向

传播。

(3) $\alpha>1$,即波从小阻抗介质传入大阻抗介质。因 $\zeta_R\geqslant 0$,故反射力波与入射力波同号,若入射波为右行压力波,则反射的仍是左行压力波,与后继到来的入射压力波叠加起增强作用;因反射波与入射被运行方向相反,故反射力波引起的质点运动速度 v_R 与入射波的 v_I 异号,显然与后继到来的入射下行压力波引起的正向运动速度叠加有抵消作用;又因 $\zeta_T\geqslant 1$,则透射力波的幅度总是大于或等于入射力波。特别地,当 $\alpha\to\infty$ 即 $Z_2\to\infty$ 时,相当于刚件固端反射,此时有 $\zeta_R=1$ 和 $\zeta_T=2$,在该界面处入射波和反射波叠加使力幅度增加一倍,而入射波和反射波分别引起的质点运动速度在界面的叠加结果处速度为零。

(4) $\alpha<1$,即被从大阻抗介质传入小阻抗介质。因 $\zeta_R\leqslant 0$,故反射力波与入射力波异号,若入射波为右行压力波,则反射的是左行压力波,与后继到来的入射压力波叠加起卸载作用;因反射波与入射波运行方向也相反,则反射力波引起的质点运动速度 v_R 与入射波的 v_I 同号,显然与后继到来的入射右行压力波引起的正向运动速度叠加有增强作用;又因 $\zeta_T\leqslant 1$,则透射力波的幅度总是小于或等于入射力波。特别地,当 $\alpha\to 0$ 即 $Z_2\to 0$ 时,相当于自由端反射,此时有 $\zeta_R=-1$ 和 $\zeta_T=0$,在该界面处入射波和反射波叠加使力幅度变为零,而入射波和反射波分别引起的质点运动速度在界面的叠加结果使速度加倍。

对于一端自由一端固定的杆,设由自由端到固定端为正向,当在自由端给定一正向力波时,自由端的质点速度方向为正,产生的速度(或加速度)波沿杆纵向传播,速度(或加速度)波在固定端反射为反向的速度(或加速度)波,该反向的速度(或加速度)波再反射回自由端,反向的速度(或加速度)波在自由端反射后仍然是速度(或加速度)波,则此时自由端面的质点速度方向为负,幅值为原来的两倍。

对于两端自由的杆,设由左端到右端为正向,当在左端给定一正向力波时,左端的质点速度方向为正,产生的速度(或加速度)波沿杆纵向传播,速度(或加速度)波在右端反射为正向的速度(或加速度)波,该正向的速度(或加速度)波再反射回左端,正向的速度(或加速度)波在左端反射后仍然是正向的速度(或加速度)波,则此时左端面的质点速度方向为正,幅值为原来的两倍。

二、在托板处的反射与透射

在前面的分析中将预紧螺母锚杆的外端(相互作用的预紧螺母、托板和围岩)边界简化为弹性支承,其弹簧刚度为 k。由量纲分析知,弹簧的波阻抗为

$$Z_s=\beta k/f \tag{3-88}$$

式中,β 为无量纲系数,f 为波的振动频率。

则托板处的波阻抗为

$$Z_b=\rho c_0 A+\beta k/f \tag{3-89}$$

波在该交界面出现反射和透射,由式(3-83)、(3-87)分别可得力、位移、速度和

加速度的反射和透射系数：

$$\frac{N_R}{N_I}=\frac{\alpha-1}{\alpha+1}=\frac{\beta k}{2\rho c_0 Af+\beta k},\frac{N_T}{N_I}=\frac{2\alpha}{\alpha+1}=\frac{2\rho c_0 Af+2\beta k}{2\rho c_0 Af+\beta k} \quad (3\text{-}90)$$

$$\frac{a_R}{a_I}=\frac{v_R}{v_I}=\frac{u_R}{u_I}=-\frac{\alpha-1}{\alpha+1}=-\frac{\beta k}{2\rho c_0 Af+\beta k},\frac{a_T}{a_I}=\frac{v_T}{v_I}=\frac{u_T}{u_I}=\frac{2}{\alpha+1}=\frac{2\rho c_0 Af}{2\rho c_0 Af+\beta k} \quad (3\text{-}91)$$

从式(3-91)可以看出，随着弹簧刚度 k 的增大和振动频率的减小，位移波、速度波和加速度波的反射系数越来越大，而其透射系数则越来越小，说明弹簧刚度 k 越大和振动频率 f 越小，同样能量的波在锚固开始段的反射波峰值就越小；当弹簧刚度 k 和振动频率 f 在一定值时，锚固开始段的反射波峰值可能小于仪器的有效采集范围，从而由反射波峰值准确判断锚固开始段位置。因此，在弹簧刚度 k 一定时，必须选择适当的激振频率。

为了探讨式(3-91)是否正确以及式(3-88) 中 β 的取值范围，以长 1.5 m、直径 Φ20 mm 的锚杆在距杆端 1.0 m 处沿杆周设 24 个分布弹簧为模型，分布弹簧的刚度取 5×10^4 N/m、1×10^5 N/m、5×10^5 N/m、1×10^6 N/m、5×10^6 N/m，脉冲作用时间 60 μs，取轴对称模型的 1/4 数值分析得不同弹簧刚度 k(24 倍分布弹簧刚度)时分布弹簧处的速度波和加速度波的反射系数及根据式(3-88)计算的 β 值如表 3-2 所示。从表 3-2 可以看出，随着分布弹簧刚度的加大，其加速度波和速度波的反射系数都增大；随着分布弹簧刚度的加大，根据式(3-88)计算的 β 值变化不大，说明式(3-88)是可以用来估计弹簧波阻抗的。另外，以同样的模型，其分布弹簧的刚度取 1×10^6 N/m、脉冲作用时间 160 μs 时的速度波反射系数为 0.495，小于脉冲作用时间 60 μs 时的速度波反射系数 0.252，说明振动频率 f 与反射系数成反比。

表 3-2　反射系数与分布弹簧刚度的关系

弹簧刚度	杆端反射波与入射波峰值比		反射系数		β	
/N·m^{-1}	加速度波	速度波	加速度波	速度波	加速度波	速度波
5×10^4	0.020 738	0.033 103	0.010 369	0.016 551 5	31.33	33.55
1×10^5	0.041 032	0.064 760	0.020 516	0.032 38	31.32	33.356
5×10^5	0.189 533	0.287 690	0.094 766 5	0.143 845	31.3	33.495
1×10^6	0.344 835	0.503 702	0.172 417 5	0.251 851	31.15	33.56
5×10^6	0.981	1.254 506	0.490 5	0.627 253	28.79	33.55

第五节　锚杆横向振动理论

一、锚杆横向振动力学模型

图 3-31(a)为普遍应用于煤矿锚杆支护中的树脂锚杆，锚杆杆体长度为 L，其中树脂锚固段长度为 L_1，在锚杆外端由预紧螺母施加一预紧力 P。考虑到力 P 作用下托板及周围岩体的明显挤压变形，将锚杆的外端边界简化为轴向拉力 P、侧向弹性支承，则树脂锚杆的横向振动力学模型简化为一端弹性支承、另一端树脂锚固体与岩体黏结固连，如图 3-31(b)所示。对于胶结良好的树脂锚固体，其径向变形刚度很大，则树脂锚杆的横向振动力学模型简化为一端弹性支承、另一端固定，如图 3-31(c)所示。图 3-31(b、c)中侧向弹簧刚度 k 由锚杆外端部(靠巷道壁)围岩和托板的物理力学性质、预紧力 P 所决定。

由于其分布外力 $q(x)$ 的复杂性，图 3-31(b)所示锚杆横向振动力学模型一般难以得到解析解，近而只能由数值分析方法求解。下面对图 3-31(c)所示锚杆横向振动力学模型进行理论分析。

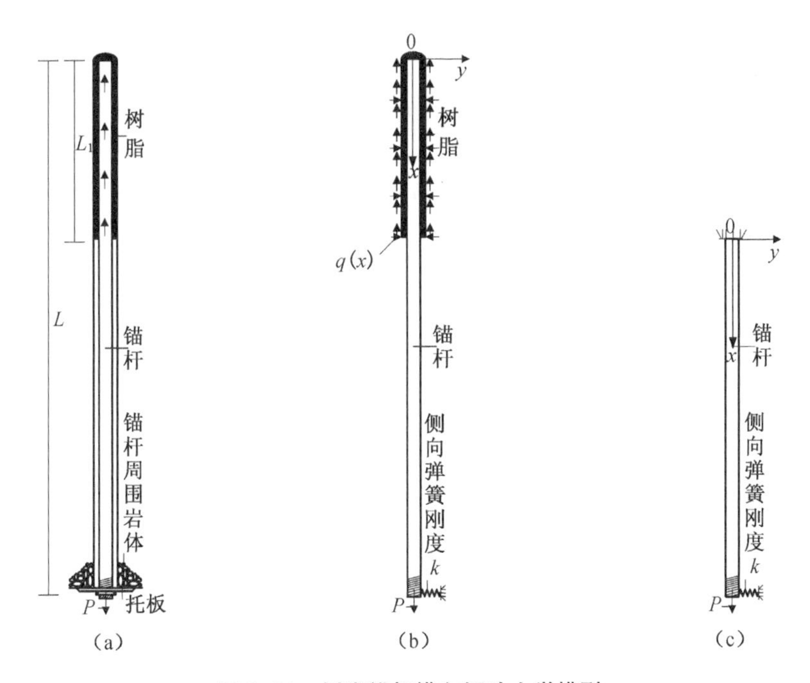

图 3-31　树脂锚杆横向振动力学模型

二、锚杆横向振动控制方程

对于如图 3-31(c)所示的锚杆横向振动力学模型，它不仅具有纵向对称平面，所受的外力也在此对称平面内，而且它的纵向长度与横截面高度之比远大于 10。若再忽略剪切变形和转动惯量的影响，则图 3-31(c)所示的锚杆横向振动力学模型可称作欧拉-贝努利(Euler-Bernoulli)梁。于是，梁上各点的运动只需用梁轴线的横向位移表示。

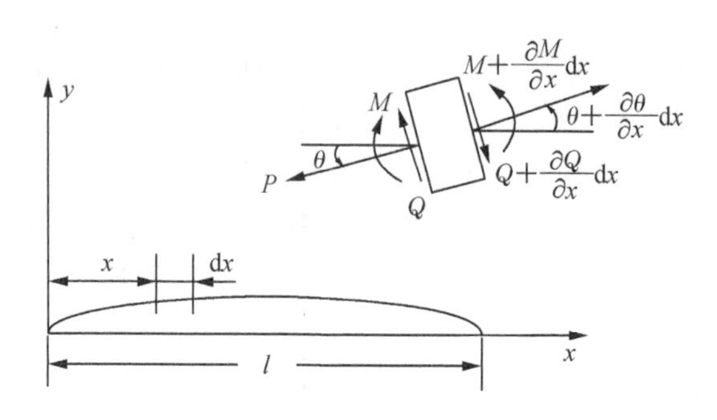

图 3-32 锚杆的弯曲振动

梁长为 $l=L-L_1$，建立如图 3-32 所示的坐标系。在梁上距左端 x 处取微元段 $\mathrm{d}x$，在任意瞬时 t，此微元段的横向位移可用 $y(x,t)$ 表示。按其受力情况，微元段沿 y 方向的运动方程为

$$\overline{m}\cdot\mathrm{d}x\,\frac{\partial^2 y}{\partial t^2}=Q-\left(Q+\frac{\partial Q}{\partial x}\mathrm{d}x\right)+P\left(\theta+\frac{\partial \theta}{\partial x}\mathrm{d}x\right)-P\theta \tag{3-92}$$

式中，$\overline{m}$ 为 x 轴线上单位长度质量。

将 $\theta=\frac{\partial y}{\partial x}$、$Q=\frac{\partial M}{\partial x}$、$M=EI\,\frac{\partial^2 y}{\partial x^2}$ 等关系代入上式，化简后即得锚杆横向振动控制方程

$$EI\,\frac{\partial^4 y}{\partial x^4}+P\,\frac{\partial^2 y}{\partial x^2}+\overline{m}\,\frac{\partial^2 y}{\partial t^2}=0 \tag{3-93}$$

式中，I 为 x 轴线上横截面的惯性矩，$\overline{m}$ 为 x 轴线上单位长度质量，E 为杨氏模量。

对于式(3-93)，当 $P=0$ 时，图 3-31(c)中的侧向弹簧刚度 k 也等于零，图 3-31(c)所示的锚杆横向振动力学模型即为悬臂梁，悬臂梁的横向振动特性易由力学参考书查到。下面针对有轴力情况进行锚杆横向振动特性研究。

三、预应力锚杆的横向振动特性

设 $y(x,t)=\varphi(x)\cdot Y(t)$ 为梁的挠曲线方程，代入式(3-93)有：

$$EI\,\frac{\ddddot{\varphi}(x)}{\varphi(x)}-P\,\frac{\ddot{\varphi}(x)}{\varphi(x)}=-\overline{m}\,\frac{\ddot{Y}(t)}{Y(t)}=\mathrm{const} \tag{3-94}$$

于是有

$$\ddot{Y}(t)+\omega^2 Y(t)=0 \tag{3-95}$$

$$EI\ddddot{\varphi}(x) - P\ddot{\varphi}(x) - \overline{m}\omega^2\varphi(x) = 0 \tag{3-96}$$

由式(3-95)有 $Y(t) = A\sin\omega t$，说明具有轴向力的梁的横向自由振动仍然是简谐的，ω 为圆频率。

方程(3-96)可简化为

$$\ddddot{\varphi}(x) - 2g^2\ddot{\varphi}(x) - \alpha^4\varphi(x) = 0 \tag{3-97}$$

其中

$$\alpha^4 = \frac{\overline{m}\omega^2}{EI} \tag{3-98}$$

$$g^2 = \frac{P}{2EI} \tag{3-99}$$

方程(3-97)的特征方程为

$$r^4 - 2g^2r^2 - \alpha^4 = 0 \tag{3-100}$$

解之得

$$r = \pm \mathrm{i}\delta; r \pm \varepsilon \tag{3-101}$$

式中

$$\delta = \sqrt{(\alpha^4 + g^4)^{\frac{1}{2}} - g^2} \tag{3-102}$$

$$\varepsilon = \sqrt{(\alpha^4 + g^4)^{\frac{1}{2}} + g^2} \tag{3-103}$$

则方程(3-97)的通解为

$$\varphi(x) = A\sin\delta x + B\cos\delta x + C\mathrm{sh}\varepsilon x + D\mathrm{ch}\varepsilon x \tag{3-104}$$

积分常数 A、B、C、D 由边界条件确定。

对于图 3-31(c)所示的锚杆横向振动力学模型，其边界条件为

$$x = 0, \varphi(0) = 0, \varphi'(0) = 0 \tag{3-105}$$

$$x = l, k\varphi(l) - EI\varphi'''(l) = 0, \varphi''(l) = 0 \tag{3-106}$$

将式(3-104)代入式(3-105)、式(3-106)可得一方程组，由系数行列式必等于零可得方程：

$$\begin{aligned}&[-2\delta\varepsilon^2\cosh(\varepsilon l)\cdot\sinh(\varepsilon l) + \varepsilon(\delta^2+\varepsilon^2)\sin(\delta l)\cdot\cosh(\varepsilon l)\\&-\delta(\varepsilon^2+\delta^2)\cos(\delta l)\cdot\sinh(\varepsilon l)]\cdot k + \{\varepsilon^4[\cosh^2(\varepsilon l)+\sinh^2(\varepsilon l)]\\&+\varepsilon\delta(\delta^2-\varepsilon^2)\sin(\delta l)\sinh(\varepsilon l) + 2\varepsilon^2\delta^2\cos(\delta l)\cosh(\varepsilon l) + \delta^4\}\cdot EI\delta\varepsilon = 0\end{aligned} \tag{3-107}$$

显然，式(3-107)的求解非常困难，进而只能由数值模拟等方法求解。当 k 趋近于∞时，图 3-31(c)简化为一端铰支、一端固定的梁，式(3-107)可简化为

$$\frac{1}{\sqrt{2(gl)^2 + (\delta l)^2}}\mathrm{th}\left(\sqrt{2(gl)^2 + (\delta l)^2}\right) = \frac{1}{\delta l}\tan(\delta l) \tag{3-108}$$

在区间 $(i\cdot\pi, (i+1)\cdot\pi)$ 上，$i = 1, 2, 3, \cdots$，当给予不同的 gl，解超越方程

(3-108) 即可求出相应的 δl，列于表 3-3。根据表 3-3 中的数据得到一端铰支、一端固定的梁的频率与力的关系式为：

$$\omega_n = (n+\beta)^2 \frac{\pi^2}{l^2}\sqrt{\frac{EI}{\overline{m}}\left(1+\frac{Pl^2}{(n+\beta)^2 \cdot \pi^2 EI}\right)} \tag{3-109}$$

式中，β 的取值在 0.23～0.25 之间。

表 3-3　δl 与 $(gl)^2$ 的关系

$(gl)^2$	0	$10/\pi$	$20/\pi$	$30/\pi$	$40/\pi$	$50/\pi$	$60/\pi$	$70/\pi$	$80/\pi$	$90/\pi$	$100/\pi$
$(\delta l)_1-\pi$	0.785	0.696	0.628 1	0.574 8	0.531 9	0.496 6	0.467	0.441 8	0.42	0.400 9	0.384 1
$(\delta l)_2-2\pi$	0.785 4	0.755 2	0.727 9	0.703 2	0.680 4	0.66	0.640 9	0.623 4	0.607 1	0.592 1	0.577 8
$(\delta l)_3-3\pi$	0.785 4	0.770 5	0.756 4	0.743	0.730 3	0.718 2	0.706 6	0.695 6	0.685	0.674 8	0.665 1
$(\delta l)_4-4\pi$	0.785 4	0.776 6	0.768 1	0.759 8	0.751 9	0.744 1	0.736 6	0.729 3	0.722 2	0.715 3	0.708 6
$(\delta l)_5-5\pi$	0.785 4	0.779 6	0.773 9	0.768 7	0.762 9	0.757 6	0.752 4	0.747 3	0.742 3	0.737 4	0.732 6

四、类悬壁梁的横向振动特性

对于如图 3-33(a)所示的预应力锚杆的无损动力检测，当在锚杆外露端施加一个横向敲击，若设轴向拉力 P 在锚杆托盘与巷道煤岩壁间产生的静摩擦力为 f，对于锚杆外端，当横向激振力 F 平均幅值小于 f 时，树脂锚杆的横向振动力学模型简化为一端弹性支承、另一端固定，如图 3-31(c)所示；而当横向激振力 F 平均幅值大于 f 时，锚杆托盘与巷道煤岩壁间产生相对滑动，则树脂锚杆的横向振动力学模型应简化为悬壁梁模型。故当实际测试中存在横向激振力 F 平均幅值大于 f 时应采用悬壁梁模型。

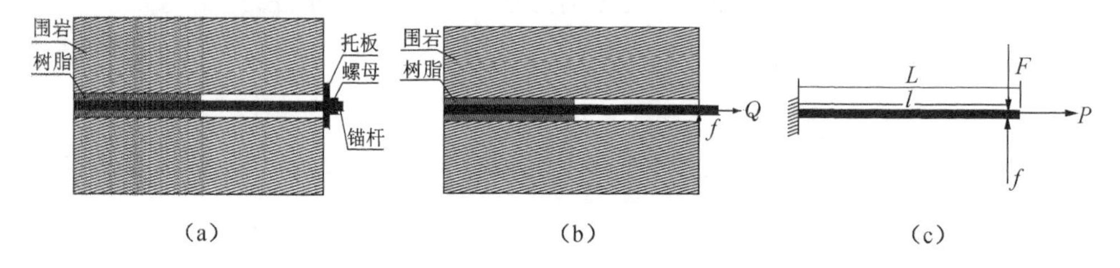

图 3-33　预应力锚杆支护系统

对于悬壁梁模型，其边界条件为 $\begin{cases} x=0 \text{ 时}, \varphi(0)=\varphi'(0)=0 \\ x=l \text{ 时}, \varphi''(l)=\varphi'''(l)=0 \end{cases}$，将此方程组代入式(3-104)可得方程组，由系数行列式必等于零可得方程

$$\delta\varepsilon(\delta^2-\varepsilon^2)\sin(\delta l)\sinh(\varepsilon l)-2\delta^2\varepsilon^2\cos(\delta l)\cosh(\varepsilon l)=\delta^4+\varepsilon^4 \tag{3-110}$$

式(3-110)为超越方程，当 $P=0$ 时式(3-110)的一阶固有振动圆频率理论解

为 $\omega_n=\beta_n\sqrt{EI/\overline{m}}/l^2$，$\beta_n$ 为系数，$n=1,2,3,4,5,6$ 时，$\beta_1=3.5$、$\beta_2=22$、$\beta_3=61.7$、$\beta_4=120.25$、$\beta_n=\pi^2(n-0.5)^2$。而当 $P\neq0$ 时无法求得解析解，只能通过数值分析等方法求得。在上述分析中未考虑图 3-33(c)中 F 作用点以外的长度 $L-l$，如果把它对梁的横向振动作用等价为一集中质量 m_0（$m_0=\overline{m}(L-l)$），则式(3-110)更复杂，更无法求解。为了分析图 3-33(c)中 F 作用点以外的长度 $L-l$ 段对梁固有振动圆频率的影响，并得到式(3-110)在 $P\neq0$ 时的一阶固有振动圆频率解，采用结构动力学中的能量法求其近似解。设在如图 3-33(c)中 F 所示位置作用一单位力时的静力挠曲线方程为：

$$\begin{cases}\varphi(x)=x^2(x-3l)/6EI\,(0\leqslant x\leqslant l)\\ \varphi(x)=-l^3/3EI-l^2(x-l)/2EI\,(l\leqslant x\leqslant L)\end{cases}\tag{3-111}$$

则根据结构动力学中的能量法可得如图 3-33(c)所示锚杆的一阶固有振动圆频率为

$$\begin{aligned}\omega^2&=\frac{\int_0^L EI\,[\varphi''(x)]^2\mathrm{d}x+\int_0^l T\cdot[\varphi'(x)]^2\mathrm{d}x}{\int_0^L\overline{m}\,[\varphi(x)]^2\mathrm{d}x}\\&=\frac{\dfrac{l^3}{3EI}+\dfrac{Tl^5}{10E^2I^2}}{\dfrac{11\overline{m}l^7}{420E^2I^2}+\dfrac{\overline{m}(Ll^6-3L^2l^5+3L^3l^4-l^7)}{36E^2I^2}}\end{aligned}\tag{3-112}$$

式(3-112)的第二等式中分母第二项即为图 3-33(c)中 F 作用点以外的长度 $L-l$ 段对梁固有振动圆频率的贡献，显然，因为该段无轴力梁的存在使得锚杆的一阶固有振动圆频率降低，$L-l$ 越大，贡献越大。对于煤矿的锚杆支护，$L-l$ 大约 5 cm 左右，与 l 一般在 100 cm 左右相比可忽略不计，不考虑式(3-112)的第二等式中分母第二项可得 $\omega=3.82/l^2\sqrt{EI/\overline{m}(1+3Tl^2/10EI)}$。综上所述，初步确定预应力锚杆的预应力计算式为

$$T=\eta(l^2\omega^2\overline{m}/\beta_n-\beta_nEI/l^2)\tag{3-113}$$

式中，η 为综合系数，与锚杆外露端长度、螺母和拾振设备的集中质量等有关。

第四章　锚杆支护系统动力特征的数值模拟

将锚杆在动力扰动下的运动视为杆件的纵向(沿锚杆轴向)或横向(垂直于锚杆轴向)振动问题仅仅是对实际问题的一种简化,可有效地揭示锚杆支护质量无损检测方法的力学机理。事实上,当锚杆作用有动载荷时,除了锚杆同时存在沿轴向和垂直于轴向的振动外,还将通过树脂锚固剂、托板结构带动锚固围岩一起运动,锚杆-托板结构-树脂锚固剂-锚固围岩构成一锚杆支护系统,该系统为一较为复杂的结构系统,其动力特性研究需由数值方法进行。本章借助于通用商业软件 ANSYS/LS-DYNA 系统探讨锚杆支护系统的动力特性及其影响因素。

第一节　ANSYS/LS-DYNA 软件简介

对于动力学非线性耦合问题的研究,目前不外乎理论推导和数值模拟,而 ANSYS/LS-DYNA 是世界上著名的显式动力分析有限元程序,可以精确可靠地处理各种高度非线性耦合问题。为此,将 ANSYS/LS-DYNA 引入多层柱状体系下非线性弹性动力学耦合问题研究中。LS-DYNA3D[85]是功能齐全的几何非线性(大位移、大转动和大应变)、材料非线性(有 100 多种材料模型)以及接触非线性数值计算分析程序。以 Lagrange 物质描述算法为基础,兼有 ALE 以及 Euler 算法;以显格式求解为主,兼有隐式求解功能;以结构分析为主,兼有热分析、流体-结构耦合分析功能;以非线性动力分析为主,兼有静力分析功能(例如动力分析前的预应力计算、薄板成型后的回弹计算)的通用结构分析非线性有限元程序。可以求解各类高速碰撞、爆炸和金属成型等非线性问题。

LS-DYNA 程序的单元类型众多[86],提供三种实体单元类型,即两维实体单元 PLANE162、三维实体单元 SOLID164 和 SOLID168,2-D 平面及轴对称单元 PLANE162,适合于进行两维问题或空间问题的轴对称简化分析。同时还提供薄壳、厚壳、体、梁、弹簧、ALE、安全带等单元类型,各类单元又有多种理论算法可供选择,具有大位移、大应变和大转动等性能。单分积分采用沙漏黏性阻尼,用以克服零能模式。使单元级计算速度加快,满足了各类大型实体结构、薄壁结构和流体-固体耦合结构的有限元剖分及非线性数值计算的需要。

LS-DYNA 程序目前有 100 多种金属与非金属材料模型可供选择[87],如弹性、弹塑性、超弹性、泡沫、玻璃、地质、土壤、混凝土、流体、复合材料、炸药及起爆燃烧、刚性以及用户自定义材料等,并可考虑材料失效、损伤、黏性、蠕变、与温度相关、与应变率相关等性质。

LS-DYNA 程序的全自动接触分析功能易于使用，功能强大，有 20 多种选择可以求解下列各种接触问题：变形体对变形体的接触、变形体对刚体的接触、板壳结构的单面接触（屈曲分析）、表面与表面的固连、壳边与壳面的固连、流体与固体的界面等，并可考虑接触表面的静动力摩擦（库仑摩擦、黏性摩擦以及用户自定义摩擦）和固连失效。

应用 ANSYS/LS-DYNA 程序进行有限元分析时，首先建立实体模型，输入相应的模型参数，划分网格，在 DYNA 程序中，当网格尺寸划分得足够小时，一维波动方程的基本理论适用于三维杆件的分析[88]。在 ANSYS/LS-DYNA 分析中，所有的荷载作为时间函数施加，并定义荷载-时间曲线，施加到由节点组成的节点组元（节点的集合）上。ANSYS/LS-DYNA 中所有的约束施加于附属于点或者面的节点上，对于非零约束一律处理为荷载。求解过程主要通过 DYNA 程序，DYNA 中的接触不是通过接触单元来实现，而是通过接触面来实现。最后进入时间历程后处理器（POST26）进行后处理，对于本文所研究的问题，通过时间历程后处理器，可以绘制指定节点的位移-时间、速度-时间、加速度-时间曲线，进一步还可以绘制桩轴向方向的应力、应变等值线。

在模拟地球动力学系统时[89]，经常要用一个有限域来表示地下空间或大块岩体。对于这类问题，为避免边界处波的反射对求解域的影响，可以对有限域表面施加无反射边界条件来模拟无限大空间。无反射边界条件通过边界表面节点组元施加，可选择膨胀波和剪切波等选项。在 ANSYS/LS-DYNA 程序中，无反射边界只能施加到实体单元 SOLID164 和 SOLID168 的表面，所以在后面的数值模拟中均采用 SOLID168 三维实体单元。在 ANSYS/LS-DYNA 程序中提供了循环对称边界，针对锚杆支护系统，只需建立整个模型的 1/4 即可。

第二节　锚杆支护系统振动的数值计算模型

锚杆在承受端部扰动载荷作用时，由于树脂锚固剂与围岩的黏合作用和托板与锚固围岩的作用，使树脂锚固剂、锚固围岩及托板将随锚杆一起振动，因而，锚杆-托板-树脂锚固剂-锚固围岩构成一振动系统。煤矿常用树脂锚杆系统的结构与受力特征如图 4-1 所示。显然，当锚杆受轴向扰动载荷时，该振动系统为一无限大的半空间问题。

考虑到锚杆支护系统受力与变形的对称性及锚杆作用的边界效应，在数值分析时，取数值计算模型为 1/4 圆柱状体，如图 4-1 所示，其中：l 为锚杆的长度，取 $l = 2$ m；l_1 为锚固段的长度，取 $l_1 = 0.5$ m（相当于一卷树脂药卷长度）；锚杆取为 Φ20 的圆钢或螺纹钢；树脂锚固层的厚度约为 $b = 4$ mm；r、R 分别为锚固围岩的内、外半径，考虑到边界作用效应，取锚固围岩的外半径 $R=500$ mm，内半径 $r=14$ mm；L 为模型的纵向总长度，取 $L=3\ 000$ mm。

在模型的两个径向对称面上设置垂直于面的位移约束；模型的外柱面边界和左侧边界设置为无反射的边界，以模拟无穷远处的固定约束；锚杆支护系统中各部分结构的材料物理力学性质见表 4-1。通过托板螺母和树脂锚固层给锚杆施加预紧力(初锚力)P，通过锚杆外端施加轴向扰动载荷 $P(t)$。

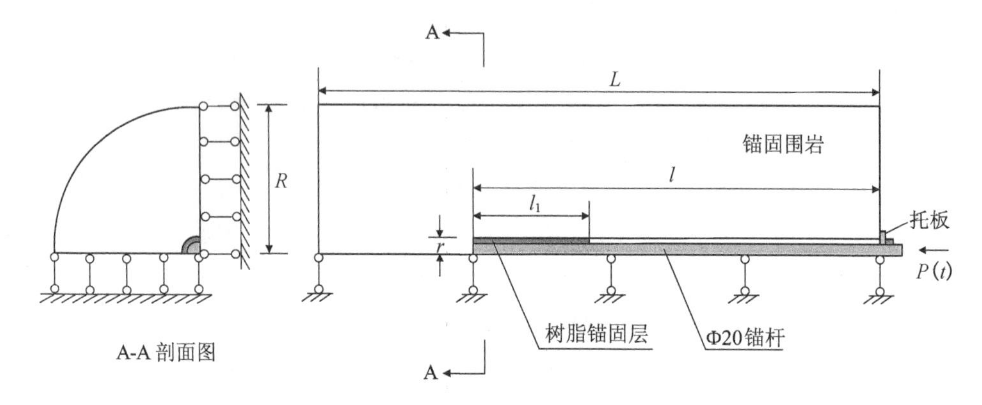

图 4-1　锚杆支护系统的动力分析模型

表 4-1　锚杆支护系统各部分材料的物理力学性能

	密度 ρ/kg · m^{-3}	弹性模量 E/ GPa	泊松比 μ
锚　杆	7 840	210	0.20
树脂锚固层	1 800	16	0.25
托　板	7 840	210	0.20
锚固围岩	2 500	28	0.30

根据软件 ANSYS/LS-DYNA 对无反射边界的单元选择要求，在数值计算中，选取三维实体单元 SOLID168；为探讨树脂锚固层的黏结作用对系统动力性能的影响，在数值计算中将树脂锚固层用分布等效弹簧代替(707 个)，通过锚杆和围岩的单元节点相联结，其等效弹簧的刚度用 k 表征；托板与锚杆采用固结，托板与围岩的作用由 7 个轴向等效弹簧表征，其刚度用 k_0 表示；所有弹簧由 ANSYS/LS-DYNA 软件专用的弹簧单元 COMBIN14 来模拟。

为研究锚杆工作载荷 P、树脂黏结状况等对系统动力特征的影响，数值计算时设置如下计算方案：

(1) 变化托板的等效弹簧刚度 $k_0 = 1\times10^3$ N/m、1×10^4 N/m、1×10^5 N/m、1×10^6 N/m、1×10^7 N/m、1×10^8 N/m；

(2) 变化扰动脉冲载荷强度 $p_0 = 125$ MPa、62.5 MPa、30 MPa、12.5 MPa、3MPa、0.3 MPa、0.03 MPa、0.003 MPa；

(3) 变化扰动脉冲载荷作用时间 $\tau = 60$ μs、80 μs、100 μs、120 μs、140 μs、160 μs；

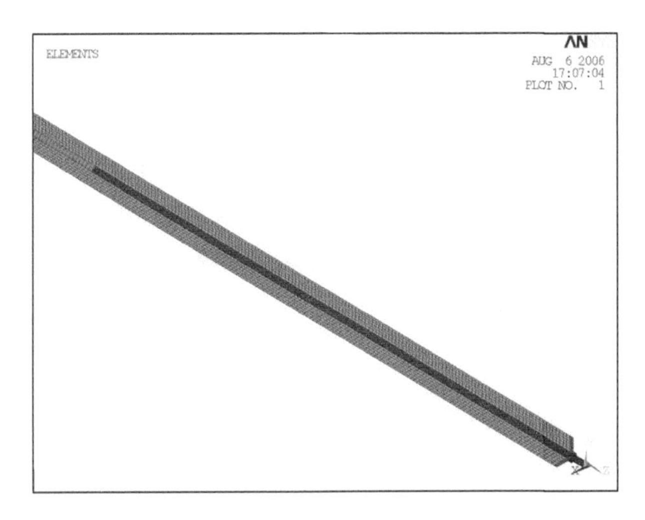

图 4-2 锚杆支护系统有限元网格剖分图

(4) 树脂锚固层的等效分布弹簧刚度 $k=1\times10^3$ N/m、1×10^4 N/m、1×10^5 N/m、1×10^6 N/m、1×10^7 N/m、1×10^8 N/m、1×10^9 N/m;

(5) 锚杆预紧力 P=10 kN、30 kN、50 kN、70 kN。

第三节 锚杆支护系统振动的频率特性

一、非预应力锚杆支护系统的频率特征

从表 4-2 可以看出,随着分布弹簧刚度的增大,振动频率也相应增大,但是,其变化幅度越来越小;除基频外,相邻两阶频率的差值基本上呈等值间隔。在分布弹簧刚度为 1×10^6 N/m 时,第 2～10 阶频率与其前一阶频率间差值分别为 1 836.2 Hz、1 820.1 Hz、1 774.9 Hz、1 451.3 Hz、579.8 Hz、1 362.3 Hz、1 182 Hz、1 282 Hz、1 421 Hz,显然已失去上述等值间隔特点。

表 4-2 系统的固有频率随树脂锚固层等效弹簧刚度 k 的变化

k/N·m^{-1}	f_1/Hz	f_2/Hz	f_3/Hz	f_4/Hz	f_5/Hz	f_6/Hz	f_7/Hz	f_8/Hz	f_9/Hz	f_{10}/Hz
1×10^3	126.98	1 446.5	2 877.8	4 314.4	5 751.9	7 188.9	8 625.8	10 063	11 500	12 937
1×10^4	377.96	1 528.1	2 901.8	4 328.7	5 765.9	7 199.9	8 633.7	10 070	11 507	12 943
1×10^5	767.48	2 169.2	3 236.1	4 472.9	5 901.3	7 314.4	8 714.4	10 141	11 575	13 000
1×10^6	920.36	2 756.6	4 576.7	6 351.6	7 802.9	8 382.7	9 745.0	10 927	12 209	13 630
1×10^7	971.34	2 913.8	4 855.7	6 796.5	8 735.8	10 673	12 607	14 537	16 462	18 379
1×10^8	988.0	2 963.9	4 939.8	6 915.4	8 890.8	10 866	12 840	14 814	16 788	18 761
1×10^9	992.0	2 967.7	4 961.1	6 945.3	8 929.3	10 913	12 896	14 879	16 862	18 843

二、预应力锚杆支护系统的频率特征

(1) 树脂黏结作用对锚杆固有频率的影响

表 4-3 给出了系统的前 10 阶固有频率随树脂锚固层等效弹簧刚度 k 的变化规律，图 4-3 给出了系统的基频 f_1 随树脂锚固层等效弹簧刚度 k 的变化曲线。从表 4-3 和图 4-3 可以看到，随着树脂锚固层等效弹簧刚度 k 的增大，系统的各阶固有频率相应增大，其变化呈现开始缓、中间陡、结尾平的趋势，表明当树脂锚固层等效弹簧刚度 $k > 10^6$ N/m 时，系统的动力特性受其影响可忽略；随着频率阶数的增大，相邻两阶频率的差值迅速趋于等值(从第 3 阶频率后，相邻两阶固有频率的差即呈等值间隔)，符合等截面杆振动高阶频率等间隔特点；在树脂锚固层等效弹簧刚度 $k = 1\times10^6$ N/m 时，第 2～10 阶频率与基频间差值分别为 1 725.6 Hz、1 790.7 Hz、1 760.8 Hz、1 432.7 Hz、582.5 Hz、1 362.8 Hz、1 178.4 Hz、1 281 Hz、1 420 Hz，等截面杆振动高阶频率等间隔性特点逐渐消失。

表 4-3　系统的固有频率随树脂锚固层等效弹簧刚度 k 的变化

k/ N·m^{-1}	f_1/Hz	f_2/Hz	f_3/Hz	f_4/Hz	f_5/Hz	f_6/Hz	f_7/Hz	f_8/Hz	f_9/Hz	f_{10}/Hz
1×10^3	384.69	1 549.1	2 932.6	4 350.9	5 778.9	7 210.0	8 642.9	10 077	11 512	12 946
1×10^4	550.99	1 619.2	2 955.2	4 365.1	5 792.8	7 220.9	8 650.7	10 084	11 518	12 952
1×10^5	941.54	2 230.1	3 272.1	4 507.0	5 927.5	7 334.5	8 730.9	10 155	11 587	13 010
1×10^6	1 103.5	2 829.1	4 619.8	6 380.6	7 813.3	8 395.8	9 758.6	10 937	12 218	13 638
1×10^7	1 156.3	2 986.6	4 899.3	6 826.8	8 758.5	10 691	12 621	14 549	16 471	18 386
1×10^8	1 173.6	3 036.7	4 983.3	6 945.7	8 913.4	10 883	12 854	14 826	16 797	18 768
1×10^9	1 178.0	3 049.5	5 004.6	6 975.6	8 951.9	10 930	12 910	14 890	16 870	18 851

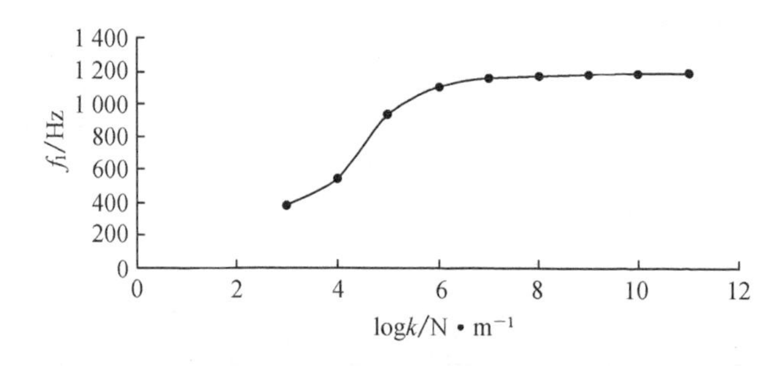

图 4-3　系统的基频 f_1 随树脂锚固层等效弹簧刚度 k 的变化曲线

(2)托板的等效弹簧刚度 k_0 对系统固有频率的影响

在上面的分析中，端部托板的等效弹簧刚度 $k_0 = 1\times10^6$ N/m、树脂锚固层等

效弹簧刚度为 $k = 1\times10^{6}$ N/m 时振动频率具有明显的分叉现象。为弄清这种现象是由端部弹簧引起，还是由分布弹簧引起的，表 4-4、表 4-5 给出了树脂锚固层等效弹簧刚度分别为 $k = 5\times10^{6}$ N/m、1×10^{9} N/m 时，系统第 4～13 阶固有频率 f 随端部托板的等效弹簧刚度 k_0 的变化规律。图 4-4 给出了树脂锚固层等效弹簧刚度为 $k = 1\times10^{9}$ N/m 时，系统的基频 f_1 随端部托板的等效弹簧刚度 k_0 的变化曲线。由表 4-4 可以看出，当树脂锚固层等效弹簧刚度为 $k = 5\times10^{6}$ N/m 时，无论端部托板的等效弹簧刚度 k_0 如何变化，系统中两相邻高阶频率值差的等间隔性特点已不存在，因此，可以认为失去这种等间隔性特点的原因是树脂锚固层等效弹簧刚度 k 引起的。而从表 4-5 可以看出，当分布弹簧刚度为 1×10^{9} N/m 时，无论端部托板的等效弹簧刚度 k_0 如何变化，系统中相邻两高阶频率值的等间隔性特点依然存在，这表明：树脂锚固层等效弹簧刚度 k 只是在其某一特定的取值范围内能引起明显的分叉现象。从表 4-5 和图 4-4 可以看出，随着端部托板等效弹簧刚度 k_0 的增大，振动频率也相应增大；其变化呈现开始平、中间陡、结尾缓的趋势；相邻两高阶固有频率间差值的等间隔性特点明显。

表 4-4　系统的固有频率 f 与托板等效弹簧刚度 k_0 的变化($k = 5\times10^{6}$ N/m)

k_0 / $\mathrm{N\cdot m^{-1}}$	f_4/Hz	f_5/Hz	f_6/Hz	f_7/Hz	f_8/Hz	f_9/Hz	f_{10}/Hz	f_{11}/Hz	f_{12}/Hz	f_{13}/Hz
1×10^{3}	6 721.4	8 634.9	10 542	12 438	14 316	16 145	17 187	17 891	18 761	19 916
1×10^{4}	6 721.7	8 635.1	10 542	12 438	14 316	16 145	17 187	17 891	18 761	19 916
1×10^{5}	6 724.4	8 637.1	10 544	12 440	14 317	16 147	17 187	17 891	18 761	19 917
1×10^{6}	6 751.7	8 657.5	10 559	12 452	14 327	16 153	17 187	17 897	18 763	19 921
1×10^{7}	7 015.1	8 864.0	10 723	12 583	14 432	16 235	17 192	17 948	18 787	19 964
1×10^{8}	7 675.2	9 577.8	11 467	13 336	15 168	16 877	17 262	18 367	19 113	20 429

表 4-5　系统的固有频率 f 与托板等效弹簧刚度 k_0 的变化($k = 1\times10^{9}$ N/m)

k_0 / $\mathrm{N\cdot m^{-1}}$	f_4/Hz	f_5/Hz	f_6/Hz	f_7/Hz	f_8/Hz	f_9/Hz	f_{10}/Hz	f_{11}/Hz	f_{12}/Hz	f_{13}/Hz
1×10^{3}	6 945.3	8 929.3	10 913	12 893	14 879	16 862	18 843	20 825	22 805	24 785
1×10^{4}	6 945.6	8 929.5	10 913	12 896	14 879	16 862	18 844	20 825	22 805	24 785
1×10^{5}	6 948.3	8 931.5	10 915	12 898	14 880	16 863	18 844	20 825	22 806	24 785
1×10^{6}	6 975.6	8 951.9	10 930	12 910	14 890	16 870	18 851	20 830	22 809	24 788
1×10^{7}	7 240.1	9 158.6	11 094	13 041	14 995	16 955	18 918	20 883	22 851	24 820
1×10^{8}	7 932.8	9 907.3	11 875	13 833	15 780	17 710	19 620	21 509	23 379	25 239

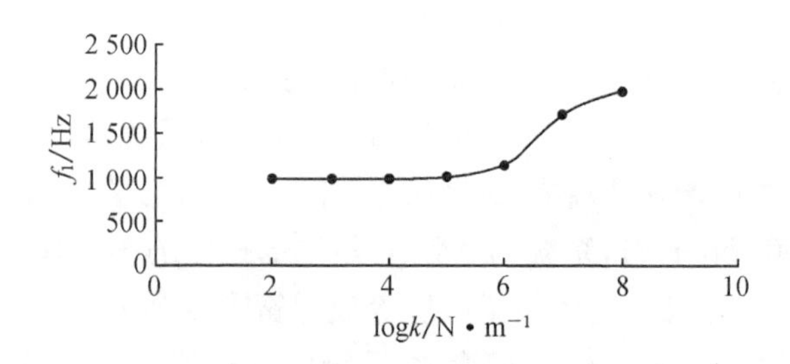

图 4-4　系统的基频 f_1 随端部托板等效弹簧刚度 k_0 的变化曲线

(3) 锚杆的预紧力 P 对系统固有频率的影响

为探讨锚杆的预紧力 P 对锚杆支护系统固有频率的影响，将树脂锚固层与围岩、锚杆黏结，视托板与煤岩壁之间无相对滑动进行锚杆支护系统的模态分析，计算了锚杆支护系统的前 14 阶固有频率和固有振型。图 4-5 为预紧力取 30 kN 时的锚杆支护系统的前 14 阶模态振型，表 4-6 列出了预紧力分别取 10 kN、20 kN、30 kN、40 kN、50 kN、60 kN、70 kN 时，锚杆支护系统的固有频率 f_n（n 为频率阶数）。

从图 4-5 可以看出，在预紧力作用下，锚杆支护系统的振动包含有多种振型，既有弯曲振动，又有纵向及扭转振动；从表 4-6 可以看出，随着预紧力的增大，弯曲振动的频率也相应增大，而纵向及扭转振动的频率变化较小。因此，在锚杆的轴向工作载荷无损检测中，应采用侧向激振激发出锚杆支护系统的弯曲振动，并在数据采集时采取滤波措施将其他振动滤掉；在采用纵向振动模式无损检测锚杆的长度参数时，应设计合适的激振装置对锚杆外露端端面中心点进行激振，使其在对锚杆激振时，不至于产生弯曲和扭转振动。

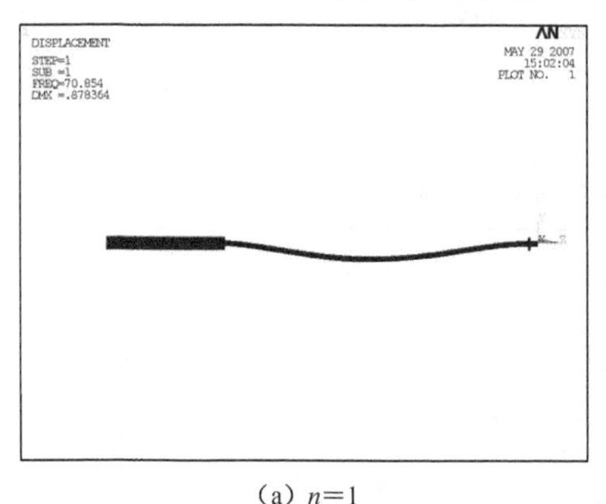

(a) $n=1$

DISPLACEMENT
STEP=1
SUB =2
FREQ=71.024
DMX =.87859
AN
MAY 29 2007
15:02:25
PLOT NO. 1

(b) $n=2$

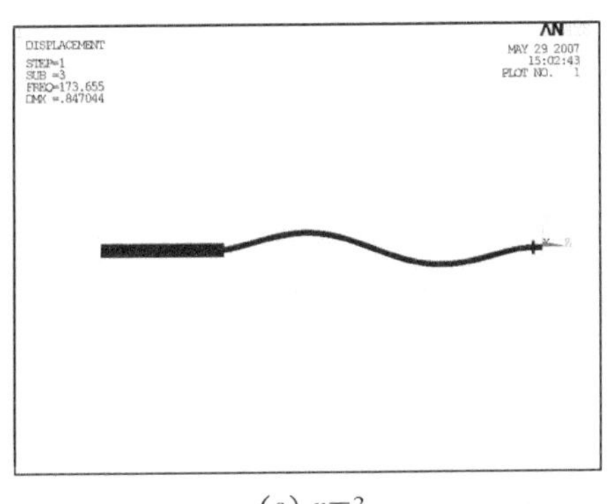

（c）$n=3$

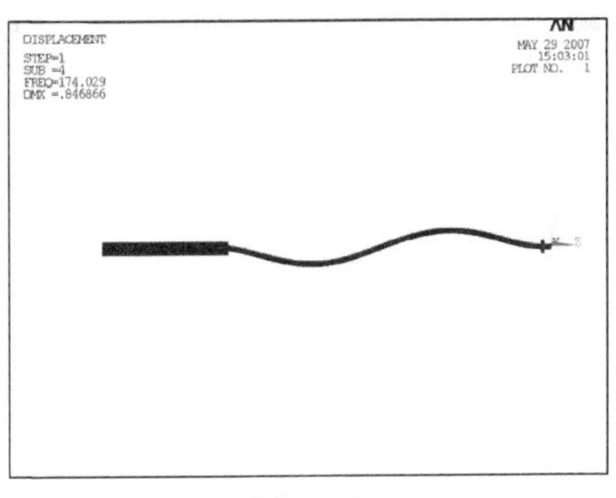

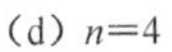

（d）$n=4$

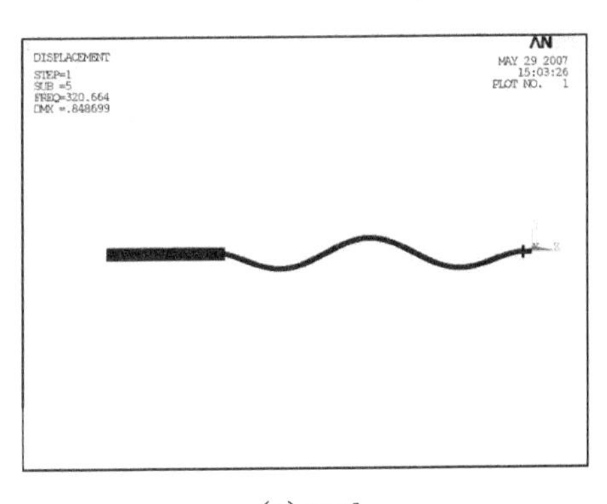

（e）$n=5$

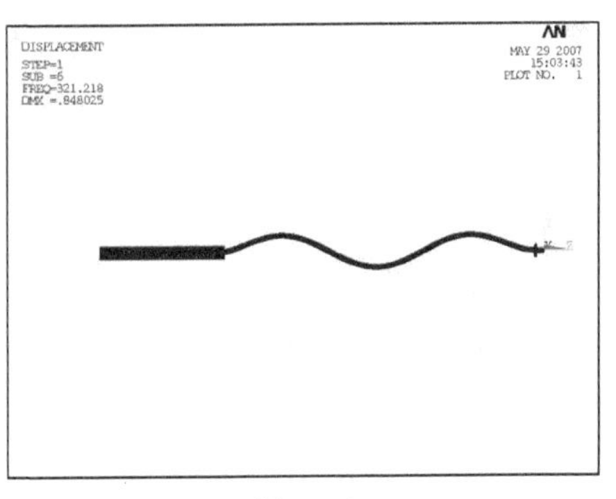

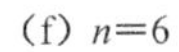

（f）$n=6$

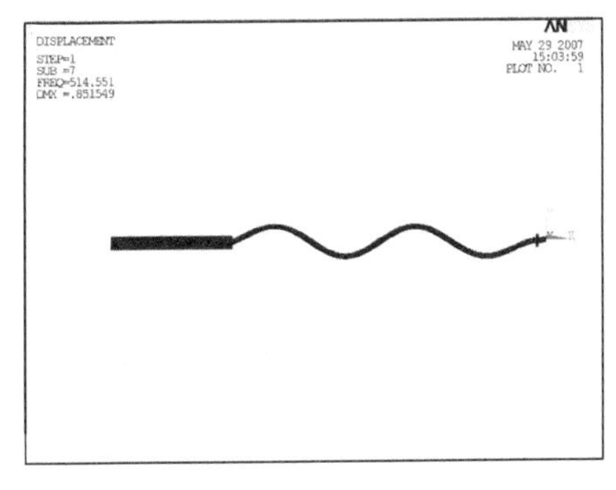

（g）$n=7$

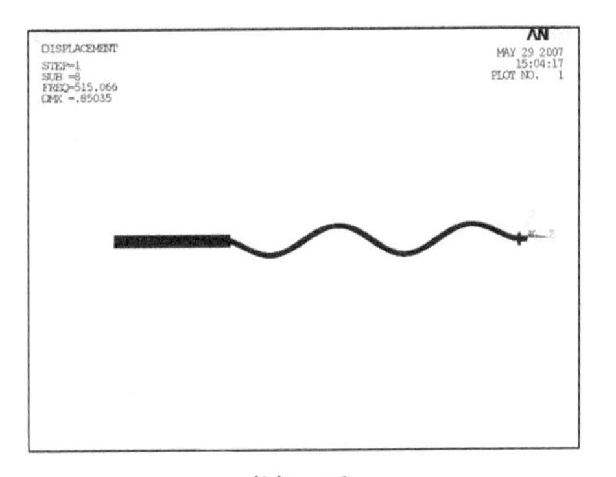

（h）$n=8$

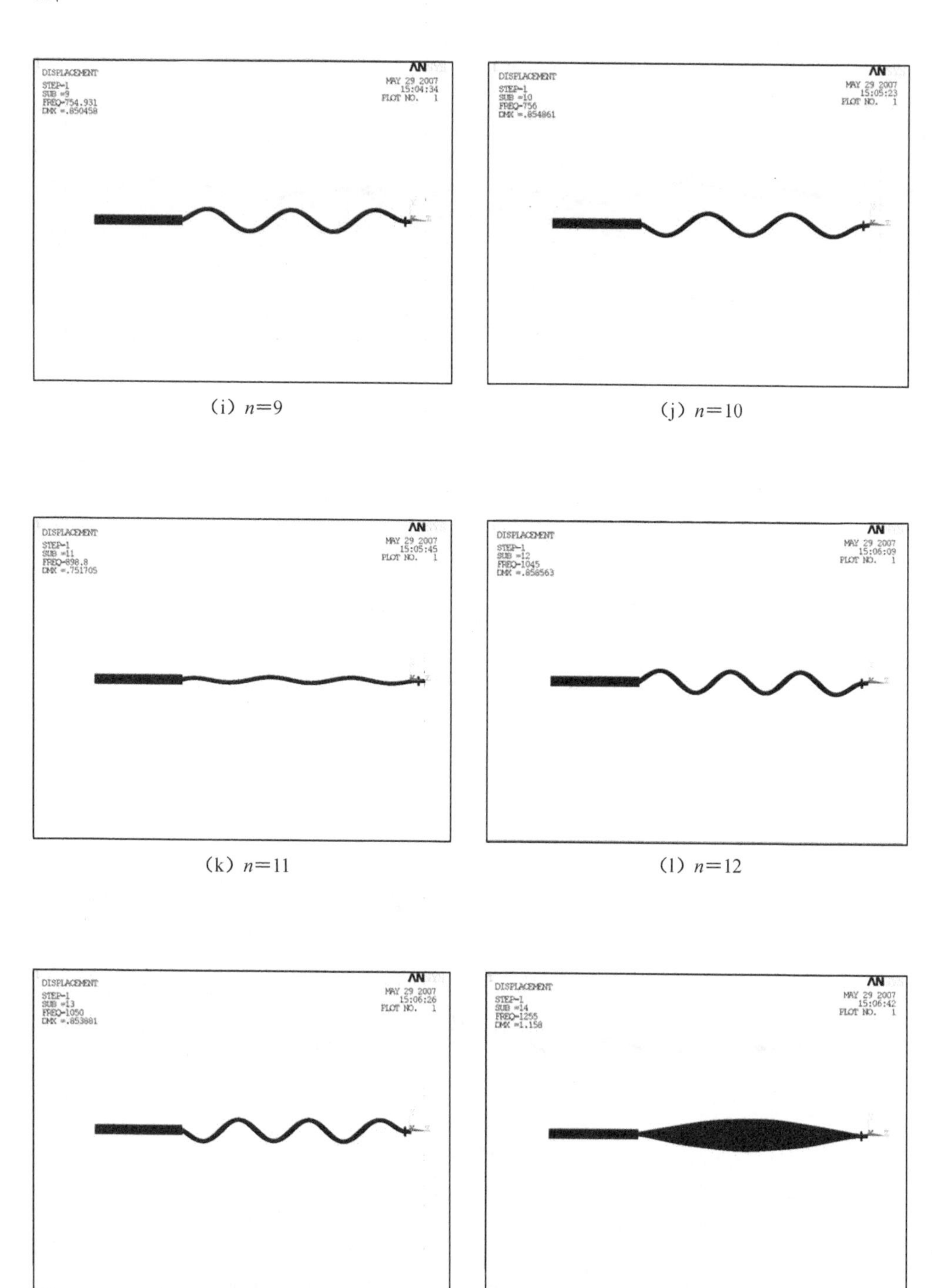

图 4-5　锚杆支护模态振型

表 4-6　系统的固有频率 f 与预紧力的变化

P/kN	f_1/Hz	f_3/Hz	f_5/Hz	f_7/Hz	f_9/Hz	f_{11}/Hz	f_{12}/Hz	f_{14}/Hz
10	59.7	156.9	301.2	493.6	733.3	897.4	1 022.3	1 254.4
20	65.6	165.5	311.1	504.2	744.2	898.1	1 033.7	1 254.7
30	70.8	173.7	320.7	514.6	754.9	898.8	1 045.0	1 255.0
40	75.8	181.4	330.0	524.7	765.5	899.5	1 056.1	1 255.3
50	80.3	188.9	339.0	534.7	775.9	900.1	1 067.1	1 255.5
60	84.6	196.0	347.8	544.5	786.1	900.8	1 078.0	1 255.8
70	88.7	202.9	356.3	554.1	796.1	901.5	1 088.8	1 256.1

第四节　锚杆支护系统振动的响应特征

一、非预应力锚杆支护系统的响应

由于在锚杆支护质量无损检测时，主要通过测定锚杆外端部的加速度或速度信号进行分析，因此，在下面有关锚杆支护系统的响应讨论中，仅就锚杆外端部的加速度或速度响应的变化规律进行研究。

(1) 树脂锚固层等效弹簧刚度 k 对锚杆振动响应的影响

在讨论树脂与围岩间锚固质量对锚杆振动响应的影响时，固定锚杆端部扰动载荷的作用强度和时间，取 $p_0 = 125$ MPa、$\tau = 60$ μs，改变树脂锚固层等效弹簧刚度 k 的值，考察加速度或速度响应的变化特征。图 4-6(a)～图 4-6(d)给出了不同树脂锚固层等效弹簧刚度 k 情况下，锚杆端部的速度时程曲线，图 4-7 给出了树脂锚固层等效弹簧刚度 $k = 1 \times 10^7$ N/m 情况下，锚杆端部加速度时程曲线。

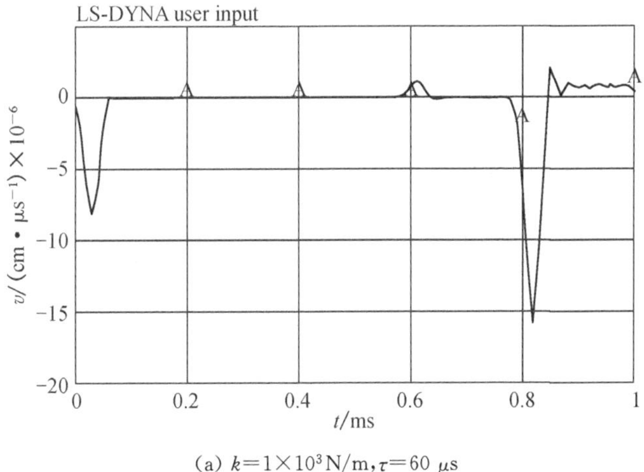

(a) $k=1\times10^3$ N/m，$\tau=60$ μs

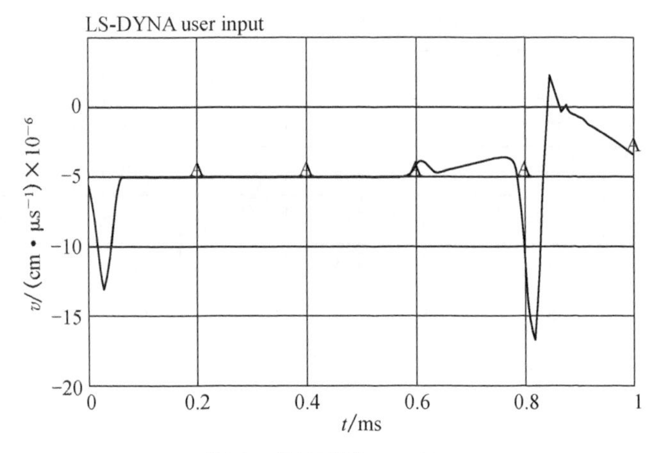

(b) $k=1\times10^{4}$ N/m, $\tau=60\ \mu$s

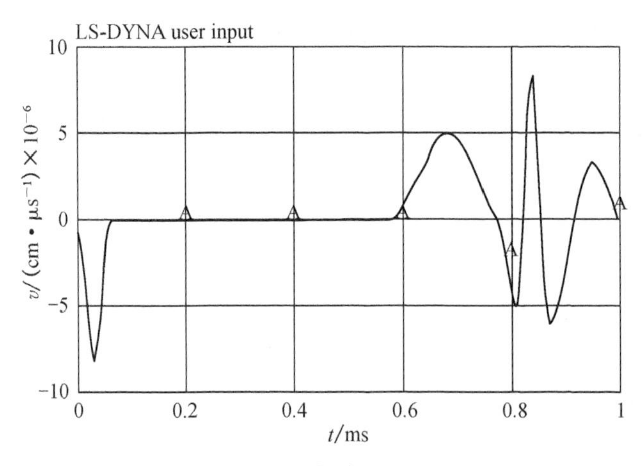

(c) $k=1\times10^{5}$ N/m, $\tau=60\ \mu$s

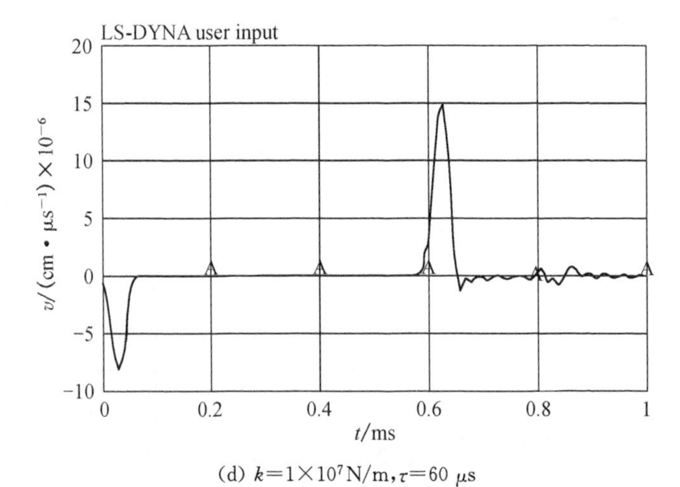

(d) $k=1\times10^{7}$ N/m, $\tau=60\ \mu$s

图 4-6 锚杆端部中心点的速度时程曲线

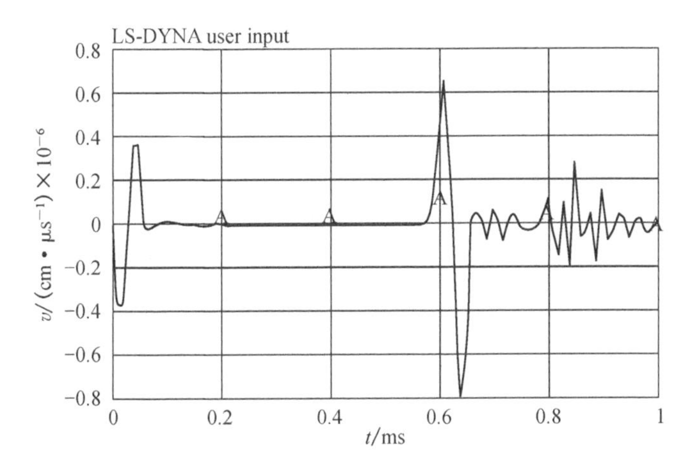

图 4-7　锚杆端部中心点加速度时程曲线（$k = 1\times10^7$ N/m, $\tau = 60$ μs）

由图 4-6(a)～图 4-6(d)可以看到，在锚固段的开始位置都存在一反相的反射波信号，在锚固段的结束位置（即锚杆的内端）有一同相的反射波信号，这是锚杆锚固段长度 l_1 及锚杆长度 l 检测的主要依据；随着弹簧刚度的减小（树脂锚固层黏结强度较低），锚固段开始位置的反相波峰值与入射波峰值的比值逐渐减小，锚固段结束位置的同相反射波峰值与入射波峰值的比值却逐渐增大，这是判断树脂锚固层锚固性能优劣的主要依据。

比较图 4-6(d)、图 4-7 可知，锚杆外端的速度波形比加速度波形要齐整，杂波较少，因而易准确判别出现界面反射波的位置，因此，就波形特征而言，速度波形比加速度波形测量精度高；另一方面，由于速度半波波长较加速度半波波长要长，因而就两者的波长特征而言，速度波形比加速度波形的检测精度要低。实际检测中，需根据所得到的响应波形的噪声比来确定采用何种类型的波来检测。

(2) 锚杆端部扰动载荷的作用时间 τ 对锚杆振动响应的影响

为探讨锚杆端部扰动载荷的作用时间 τ 对锚杆振动响应的影响，取树脂锚固层等效弹簧刚度 $k = 1\times10^4$ N/m，改变锚杆端部扰动载荷的作用时间 $\tau = 160$ μs、$\tau = 60$ μs，考察锚杆外端点速度响应曲线的变化特征。图 4-8(a)～图 4-8(b)给出了扰动载荷作用时间 $\tau = 160$ μs、$\tau = 60$ μs 时，锚杆端部的速度时程曲线。

又取树脂锚固层等效弹簧刚度 $k = 1\times10^6$ N/m，改变锚杆端部扰动载荷的作用时间 $\tau = 140$ μs、$\tau = 120$ μs、$\tau = 100$ μs、$\tau = 80$ μs，考察锚杆外端点加速度响应曲线的变化特征。图 4-9～图 4-12 给出了不同扰动载荷作用时间 τ 情况下，锚杆端部的加速度时程曲线。

由图 4-8(a)和图 4-8(b)可知，扰动脉冲作用时间 $\tau = 160$ μs 时，锚固段开始位置反相反射波的波峰不明显，而扰动脉冲作用时间 $\tau = 60$ μs 时，锚固段开始位置有较明显的反相波峰。这表明：适当缩短脉冲作用时间 τ 有助于提高检测的精度。

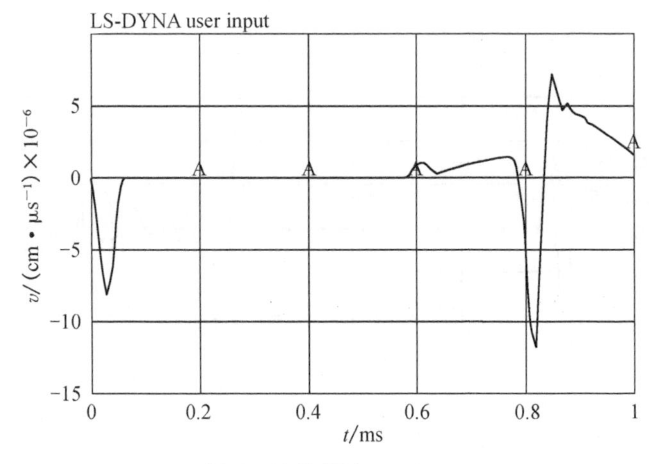

(a) $k=1\times10^{4}\,\mathrm{N/m}$, $\tau=60\ \mu\mathrm{s}$

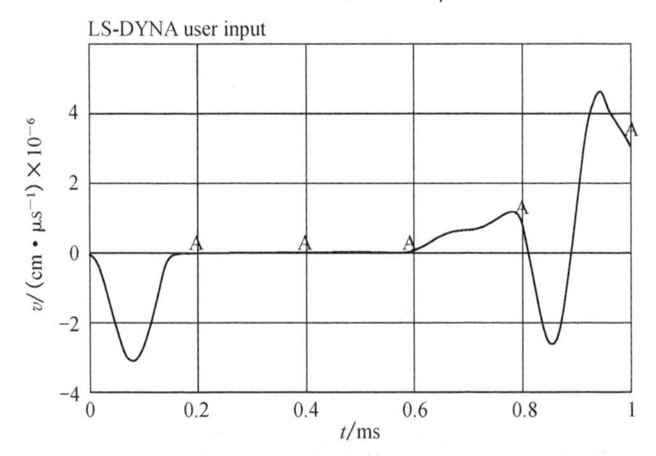

(b) $k=1\times10^{4}\,\mathrm{N/m}$, $\tau=160\ \mu\mathrm{s}$

图 4-8　锚杆端部中心点的速度时程曲线

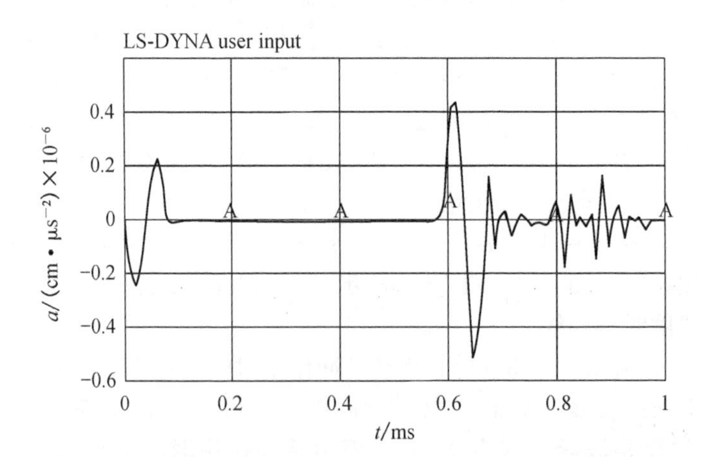

图4-9　脉冲作用时间 80 μs 时锚杆杆端中心点加速度时程曲线

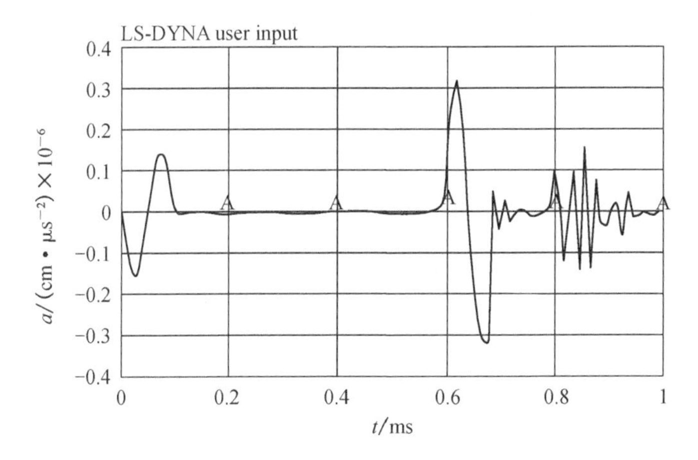

图 4-10　脉冲作用时间 100 μs 时锚杆杆端中心点加速度时程曲线

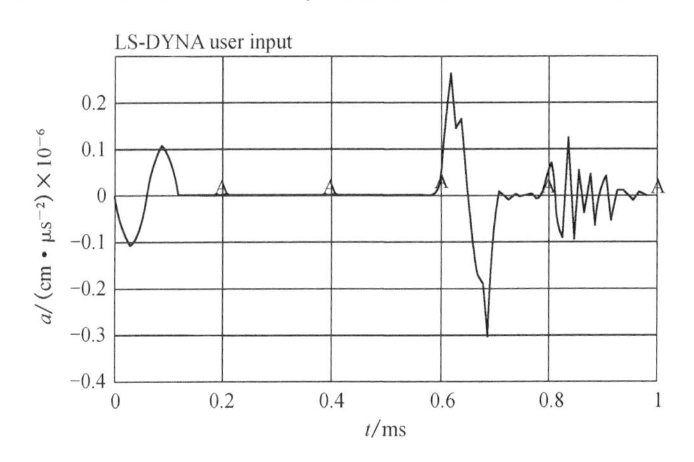

图 4-11　脉冲作用时间 120 μs 时锚杆杆端中心点加速度时程曲线

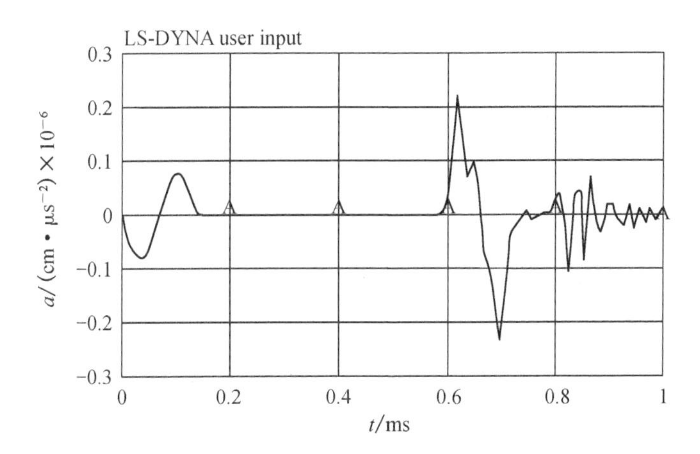

图 4-12　脉冲作用时间 140 μs 时锚杆杆端中心点加速度时程曲线

由图 4-9～图 4-12 可知，树脂锚固层等效弹簧刚度增大，锚固段开始位置反相反射波的波峰较明显；随着脉冲作用时间的减小，锚固段结束位置反射波呈现多峰现象，即波在非锚固段传播时存在弥散现象。为提高检测精度，应选择合适的脉冲作用时间。

二、预应力锚杆支护系统的响应

(1) 预紧力 P 对锚杆轴向振动响应的影响

在讨论预紧力 P 对锚杆轴向振动响应的影响时，固定扰动脉冲作用时间 $\tau = 160\ \mu s$，扰动载荷的作用强度 $p_0 = 125\text{MPa}$，变化预紧力 $P = 10$ kN、20 kN、30 kN、40 kN、50 kN、60 kN、70 kN，考察锚杆外端点速度响应曲线的变化特征。图4-13(a)～图 4-13(d)分别给出了预紧力 $P = 10$ kN、30 kN、50 kN、70 kN 时，锚杆外端轴向速度响应曲线。从图 4-13 可以看出，预应力对岩体内预应力锚杆响应的衰减影响较大。

将某一界面处反射波峰值与入射波峰值之比定义为反射系数，用字母 η 表示。显然，η 值越大，则信号在该位置反射特征越明显，即其反射波的位置确定越精确。图 4-14 给出了不同扰动载荷强度 p_0 时，速度响应曲线上反射波峰值与入射波峰值之比，即反射系数 η 随锚杆预紧力 P 的变化曲线。从图 4-14 可以看出，随着锚杆预紧力 P 的增加，反射系数 η 变小，表明当锚杆预紧力大时，难以准确识别反射波的界面位置，即测量精度将降低；随着扰动载荷强度 p_0 的增大，反射系数 η 变大。这表明：适当增加扰动载荷强度 p_0，可提高锚杆支护质量检测的精度。

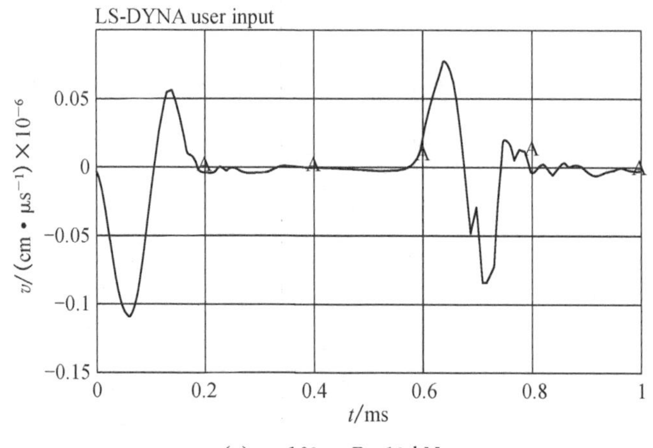

(a) $\tau=160\mu s, P=10$ kN

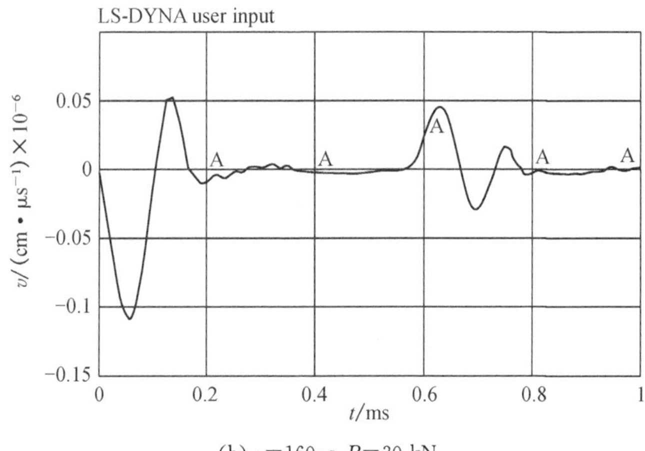

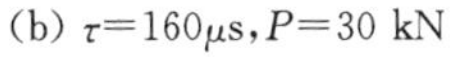
(b) τ=160μs,P=30 kN

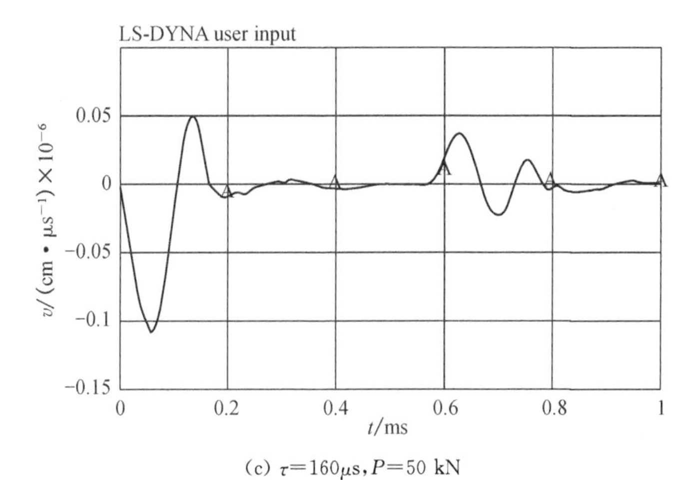

(c) τ=160μs,P=50 kN

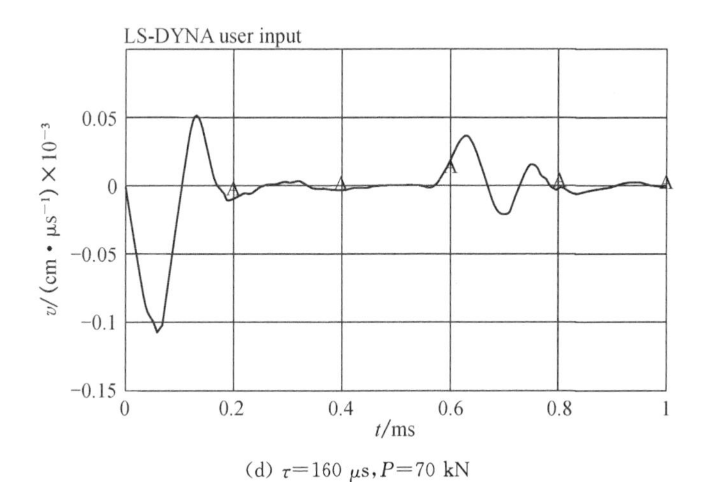

(d) τ=160 μs,P=70 kN

图 4-13　锚杆外端中心点速度时程曲线

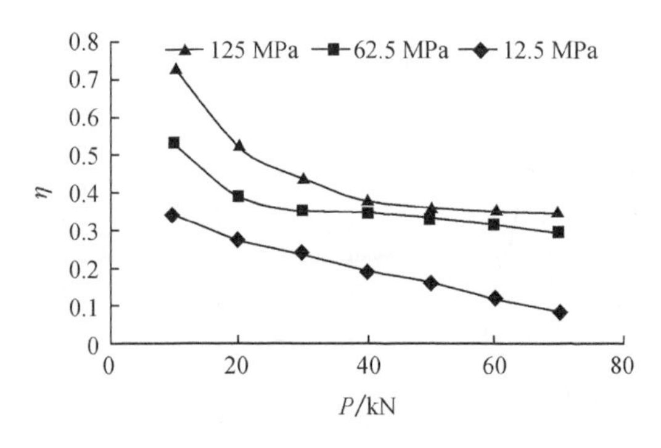

图 4-14 反射系数 η 随锚杆预紧力 P 的变化曲线

(2) 树脂锚固层的等效弹簧刚度 k 对锚杆轴向振动响应的影响

固定扰动脉冲作用时间 $\tau=160\ \mu s$，扰动载荷的作用强度 $p_0=125$ MPa，预紧力 $P=10$ kN，变化树脂锚固层的等效弹簧刚度 $k=5\times10^5$ N/m、6×10^5 N/m、7×10^5 N/m、1×10^6 N/m，考察锚杆外端点速度响应的变化特征。图 4-15(a)～图 4-15(d)给出了相应的锚杆外端点速度响应曲线。

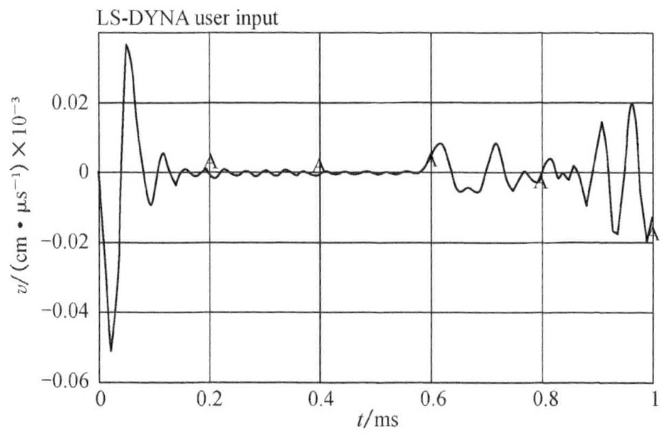

(a) $k=1\times10^6$ N/m, $P=10$ kN

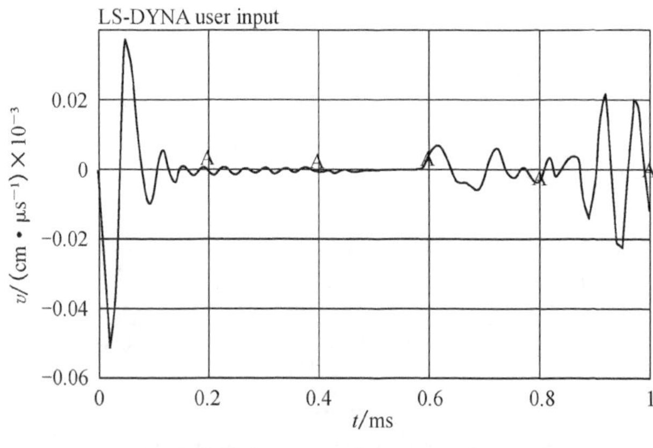

(b) $k=7\times10^5$ N/m, $P=10$ kN

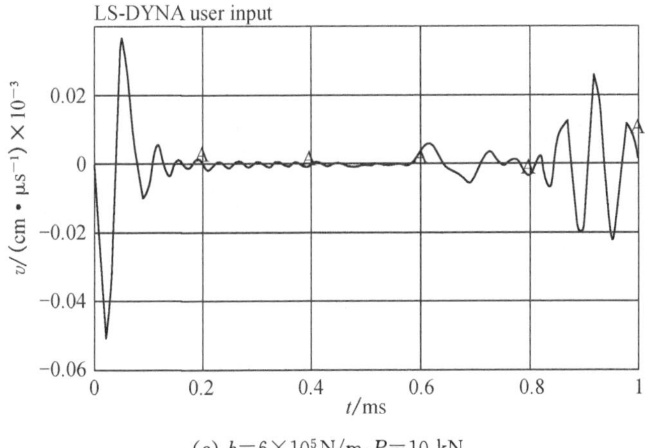

(c) $k=6\times10^5$ N/m, $P=10$ kN

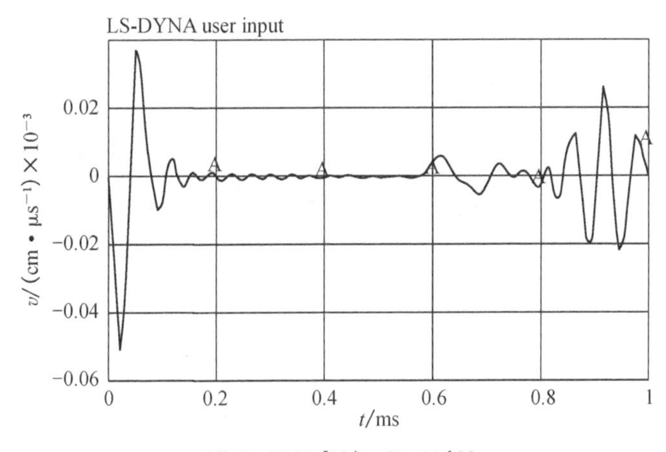

(d) $k=5\times10^5$ N/m, $P=10$ kN

图 4-15 锚杆外端中心点的速度时程曲线

从图 4-15 可知，随着树脂锚固层的等效弹簧刚度 k 的增加，锚固开始位置处的反相反射波峰值相应增大，锚杆末端的反射波峰值位置相应前移，并在树脂锚固段出现多峰现象，非线性效应越明显。

(3) 锚杆端部扰动载荷的作用时间 τ 对锚杆轴向振动响应的影响

为探讨锚杆端部扰动载荷的作用时间 τ 对锚杆振动响应的影响，取树脂锚固层等效弹簧刚度 $k=5\times10^5$ N/m，改变锚杆端部扰动载荷的作用时间 $\tau=140$ μs、$\tau=120$ μs、$\tau=100$ μs、$\tau=80$ μs，考察锚杆外端点加速度响应曲线的变化特征。

从图 4-16～图 4-19 可以看出，随着脉冲作用时间的加大，波在锚固段反射越来越强，锚固开始位置和锚固结束位置反射波也越来越明显，即波在非锚固段的衰减越少。这同样说明：适当增加脉冲作用时间，可以提高锚固段的检测精度。

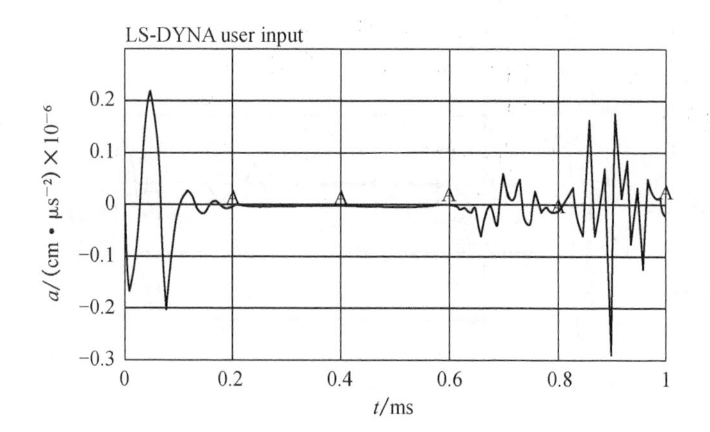

图 4-16　脉冲作用时间 80 μs 时锚杆杆端中心点加速度时程曲线

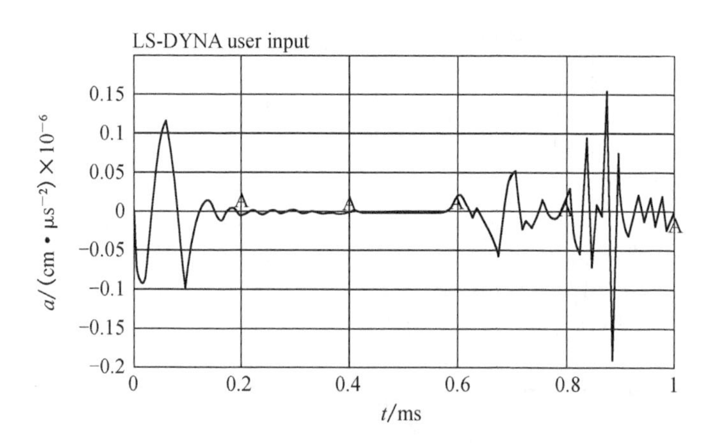

图 4-17　脉冲作用时间 100 μs 时锚杆杆端中心点加速度时程曲线

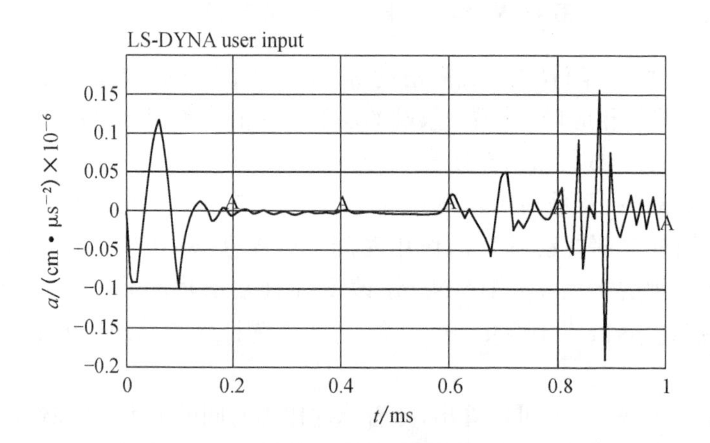

图 4-18　脉冲作用时间 120 μs 时锚杆杆端中心点加速度时程曲线

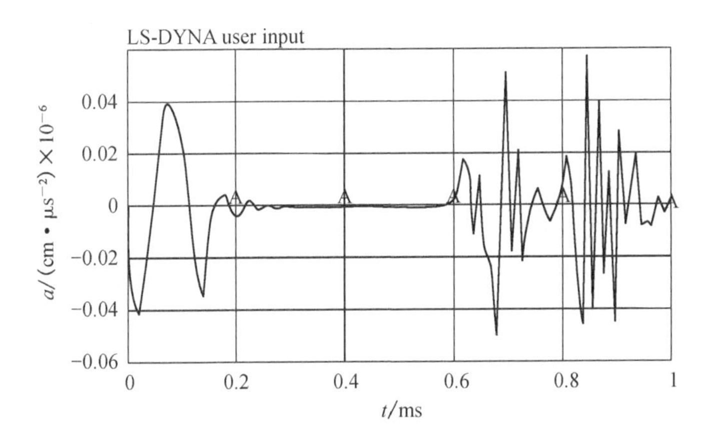

图 4-19 脉冲作用时间 140 μs 时锚杆杆端中心点加速度时程曲线

(4)锚杆端部扰动脉冲载荷强度对锚杆轴向振动响应的影响

为探讨锚杆端部扰动载荷对锚杆振动响应的影响,取树脂锚固层等效弹簧刚度 $k = 5 \times 10^5$ N/m,设脉冲作用时间为 60 μs,改变锚杆端部扰动载荷强度 $p_0 = 30$ MPa、3 MPa、0.3 MPa、0.03 MPa、0.003 MPa,考察锚杆外端点加速度响应曲线的变化特征。

从图 4-20～图 4-24 可以看出,随着脉冲载荷强度的减小,响应信号幅值同比例降低,锚固开始位置反射波越来越不明显,说明在锚杆无损检测中,应适当增加脉冲载荷强度来提高锚固开始位置反射波峰值,提高检测信号的信噪比。

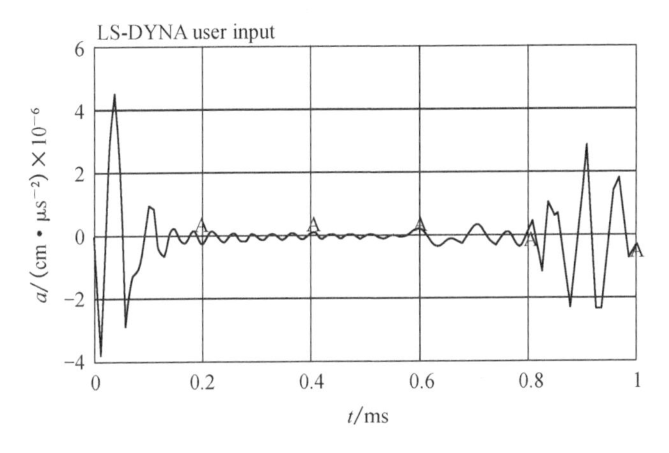

图 4-20 脉冲载荷强度 30 MPa 时锚杆杆端中心点加速度时程曲线

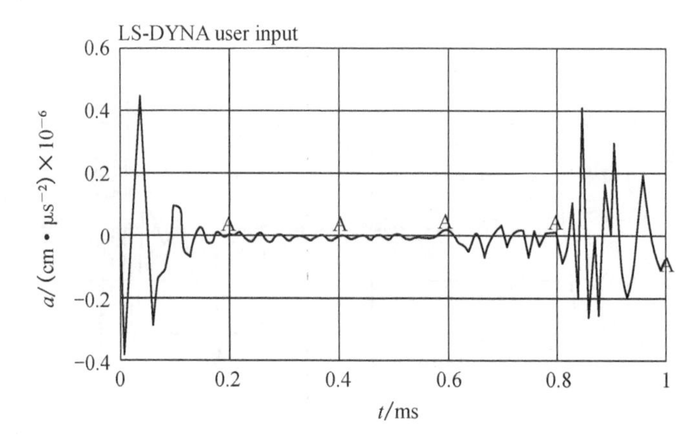

图 4-21　脉冲载荷强度 3 MPa 时锚杆杆端中心点加速度时程曲线

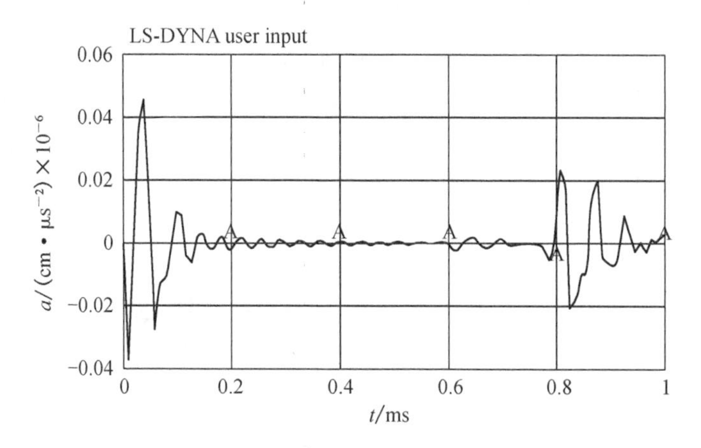

图 4-22　脉冲载荷强度 0. 3 MPa 时锚杆杆端中心点加速度时程曲线

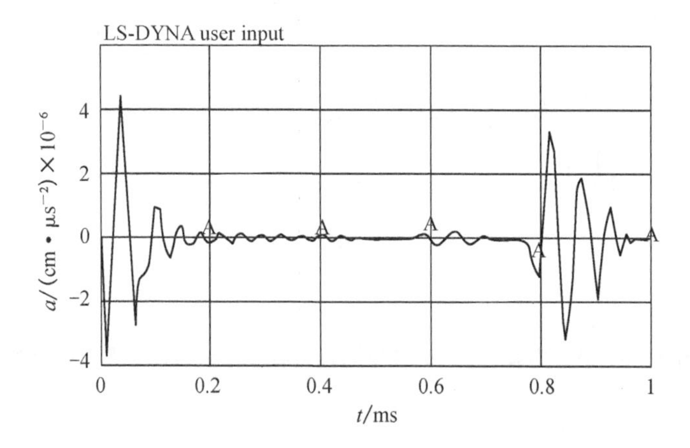

图 4-23　脉冲载荷强度 0. 03 MPa 时锚杆杆端中心点加速度时程曲线

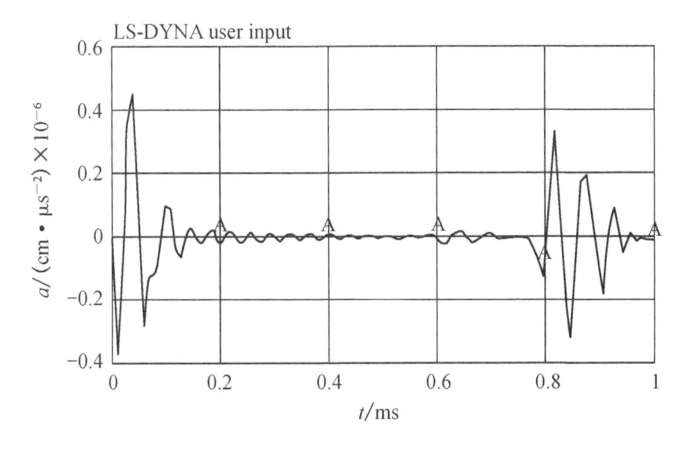

图 4-24　脉冲载荷强度 0.003 MPa 时锚杆杆端中心点加速度时程曲线

第五节　锚杆锚固损伤及其波动响应

一、锚杆支护结构渐近损伤的检测原理

在上覆采动应力作用下锚固结构必然经受损伤，其损伤模式对确定锚固结构的有效锚固长度并估算锚固极限承载力非常重要；由于锚固结构属于内部隐藏结构，其损伤过程常规手段较难直观观察，只有通过间接方式（如弹性波无损检测）来揭示锚固结构损伤过程。

锚固结构由锚杆杆体、树脂、围岩、杆体与树脂锚固界面、树脂与围岩锚固界面等组成，由于锚杆杆体均采用螺纹钢锚杆，杆体与树脂锚固界面刚度大于树脂与围岩锚固界面刚度，故锚杆支护结构的锚固损伤主要发生在树脂与围岩锚固界面。树脂与围岩锚固界面刚度系数在不同的锚杆杆体拉力作用下其分布不一样，在较低锚杆杆体拉力时，无缺陷树脂锚杆的界面剪切变形处于弹性阶段，界面刚度系数相等；随着锚杆杆体拉力的增加，锚固前端首先发生塑性变形，此时锚固前端的刚度系数降低；随着锚杆杆体拉力的继续增大，锚固前端首先发生流变，其后端则出现塑性变形，此时锚固起始端的刚度系数降低到极小值。若将一弹性波作用于锚杆杆体外端部，则弹性波沿杆体向内传播，弹性波传至锚固起始位置时发生反相反射；当锚固前端发生塑性变形刚度系数降低时，锚固起始位置波的反射系数也降低；当锚固内部存在损伤时，在损伤位置也会出现相应的同相反射；而当锚固前端发生粘脱、滑移时，有效锚固起始位置的反射波位置开始后移。综上所述，应用弹性波进行锚固结构在采动应力作用下的损伤检测与监测是切实可行的。下面采用 FLAC 轴对称模型建立数值模型，首先进行锚固结构在锚杆杆体轴向力作用下的损伤模拟，然后在锚固结构非锚固端端部给定弹性波进行波动分析探讨锚固结构的损伤过程。

二、锚固损伤的数值模型

为了分析锚固锚杆在拉拔过程中锚固界面损伤后的动力学参数变化情况，以弹性模型模拟锚杆杆体和树脂锚固体（为了保证锚杆杆体和树脂锚固体间无相对滑移），以摩尔-库仑塑性模型模拟树脂锚固体与围岩的黏结界面（模拟厚度 2 mm），以摩尔-库仑塑性模型模拟围岩；树脂锚固体与围岩的黏结滑移采用 Fish 语言编写程序来控制，即当单元达到塑性状态时先降低单元的力学参数，最终直接杀死单元（设为空单元）。采用轴对称模型，模型尺寸 2 000 mm×200mm，锚固孔的孔径 30 mm，锚固长度 1 000 mm，锚杆尺寸 20 mm×1 500 mm，围压 0.5 MPa，模拟结果如图 4-25 所示。

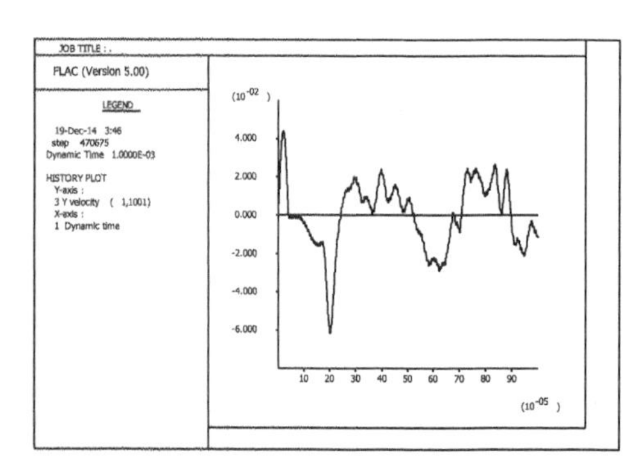

(a) 拉拔力 10 kN

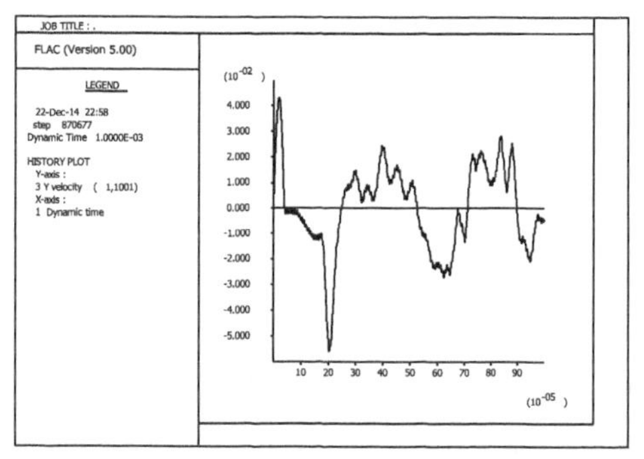

(b) 拉拔力 50 kN

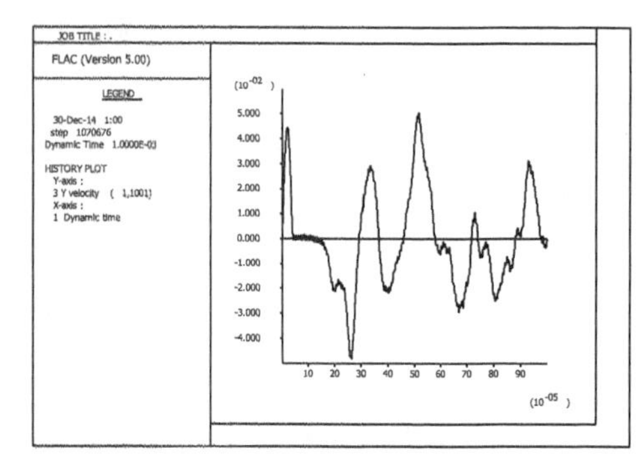

(c) 拉拔力 70 kN

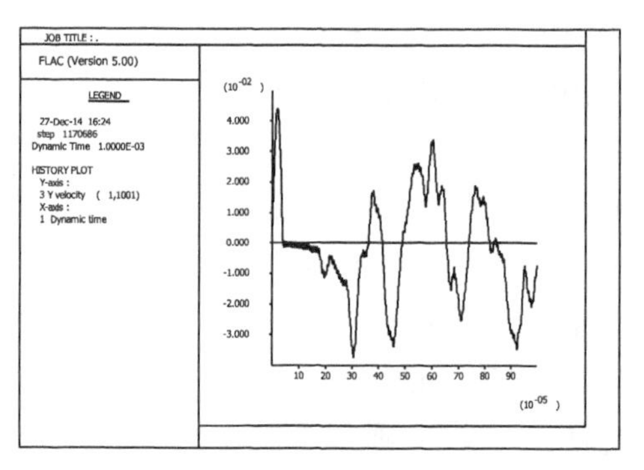

(d) 拉拔力 80 kN

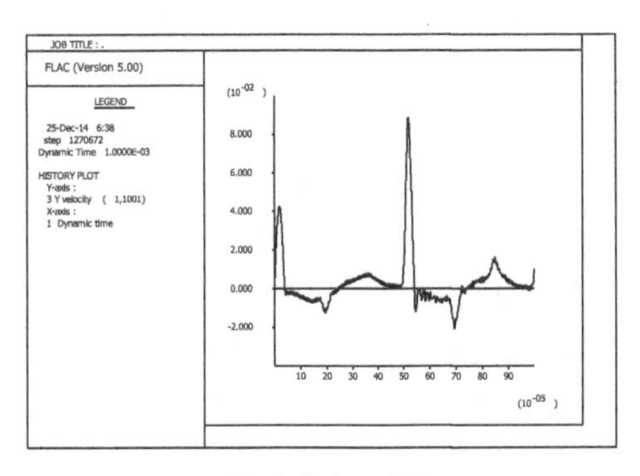

(e) 拉拔力 90 kN

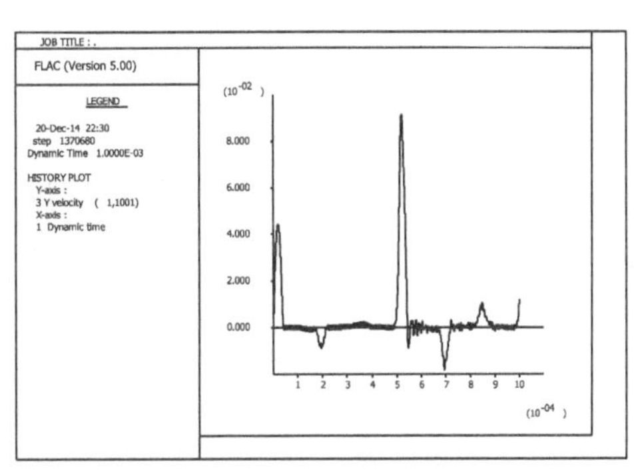

(f) 拉拔力 100 kN

图 4-25　围压 0.5 MPa 时锚固锚杆速度波形

数值模拟结果表明，树脂锚杆在不同拉拔力阶段由于锚固段损伤程度不同而导致锚固段反射波形存在较大差异；且随着锚杆拉拔力的增加，有效锚固起始位置的反射波位置后移，即锚固前端由锚固起始位置逐渐产生粘脱、滑移，黏结力降低到零，反射波起始位置后移；同时，随着锚杆拉拔力的增加，因锚固段部分段丧失黏结力而使锚固段的综合阻尼系数降低，也即后端反射波能量随拉拔力增加而增加。

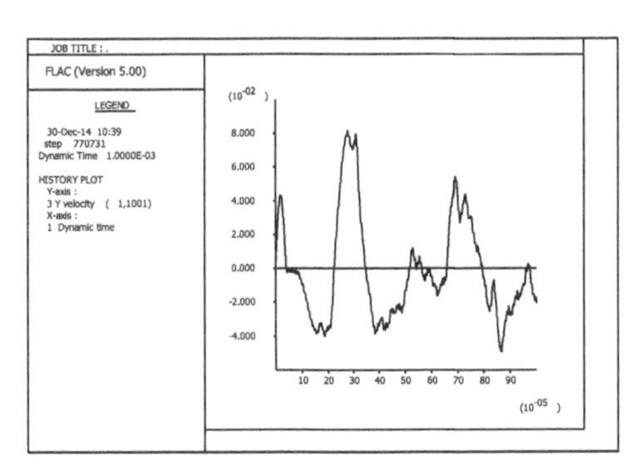

(a) 拉拔力 50 kN 带载检测

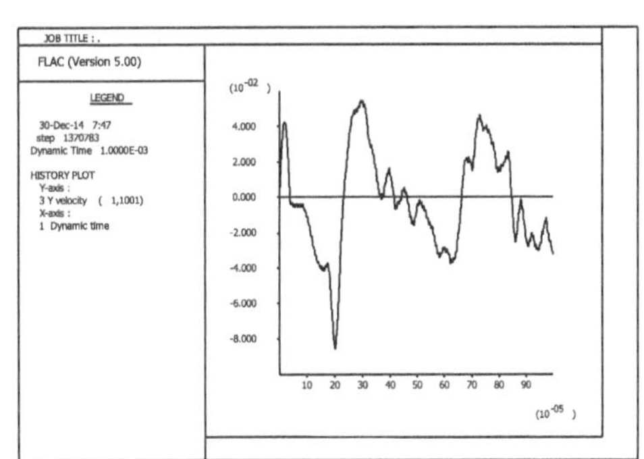

(b) 拉拔力 50 kN 卸载检测

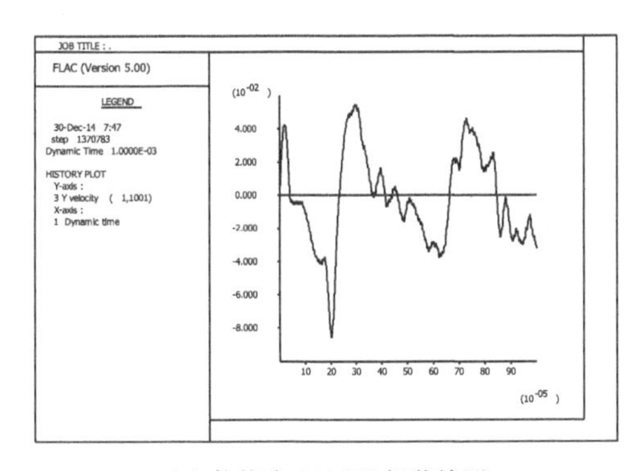

(c) 拉拔力 100 kN 卸载检测

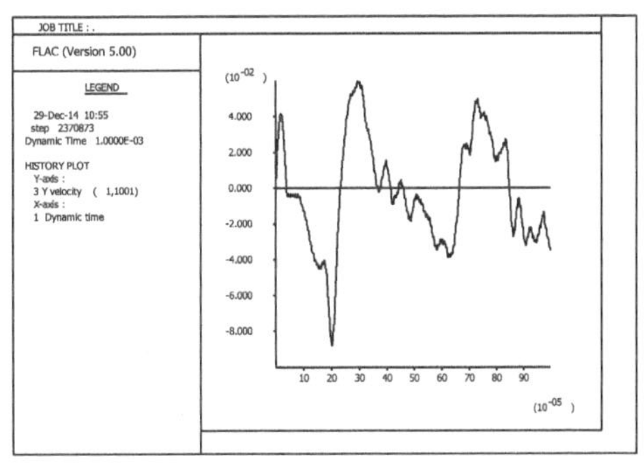

(d) 拉拔力 200 kN 卸载检测

图 4-26　围压 1.0 MPa 时锚固锚杆速度波形

在上述模拟中的围压为 0.5 MPa，为探讨围压对锚杆纵向振动的影响，基于上述模型及参数，在围压 1.0 MPa 情况下分别进行拉拔力 50 kN、100 kN、200 kN 的数值模拟，模拟的结果如图 4-26。与图 4-25 相比可知，增大围压减弱了围岩与树脂锚固界面的粘脱、滑移损伤，随着拉拔力增大，反射波起始位置后移的速度减缓，进一步说明围岩性质、围压均影响锚杆纵向振动的固有特性。由图 4-26(a)、图 4-26(b)对比发现，受载锚杆与非受载锚杆弹性波检测的速度波形有较大差异，有效锚固起始端的反射波幅值降低，给准确判定有效锚固起始端位置带来一定困难，通过掌握其规律仍然可以准确判定，进一步说明通过弹性波可以对受载锚杆的锚固损伤进行无损检测。

第五章　锚杆支护系统无损检测的实验与激振方法研究

第一节　锚杆支护系统振动的实验研究

一、试验目的与测试原理

本试验通过对锚杆支护系统受力状态的模拟，研究锚杆振动频率随荷载变化关系以及应力波在锚固开始位置和在锚固结束位置的反射特性，为现场锚杆检测提供实验指导。

由波动理论知，当应力波在锚杆中传播时，遇到物性变异界面或杆底界面就会发生反射与透射，其原始振动能量应为各界面反射波能量与透射波能量的和。由第三章、第四章分析可知，加速度波传播到螺母、托板位置时，由于托板的挤压变形，其原始振动能量将通过托板散射到周围介质中；当加速度波传播到锚固开始位置时，因前方介质的波阻抗变大，将产生反相的反射波传回到锚杆外露端由加速度传感器接收；当加速度波传播到锚固结束位置时，因前方介质的波阻抗变小，将产生同相的反射波传回到锚杆外露端由加速度传感器接收；轴向工作载荷越大，锚杆的横向振动频率也越高。这样，锚固开始位置可根据入射波与反相反射波的来回传播时间计算；锚固长度可根据反相反射波与同相反射波的来回传播时间计算；轴向工作载荷可由入射波与反相反射波的峰值比或锚杆振动频率计算。

二、测试系统及测试方案

锚杆支护系统受力状态的模拟必须是模拟锚杆实际工作状况，而锚杆在受力过程中，锚固剂的锚固强度、杆体的抗拉强度、托盘的抗压强度、托盘的大小及形态都受到考验，因此可将锚杆在支护顶板时的工作状况简化成如图 5-1 所示的受力状况。

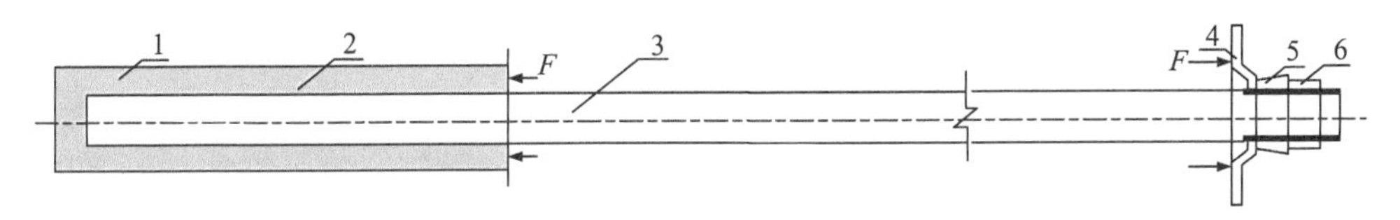

图 5-1　锚杆受力状况简图

1—钢管；2—锚固剂；3—锚杆；4—托盘；5—球垫；6—螺母

锚杆检测试验台的设计参照的标准为：中华人民共和国煤炭行业标准 MT146.1—2011《树脂锚杆、锚固剂》；中华人民共和国煤炭行业标准 MT146.2—

2002《树脂锚杆、金属杆体及其附件》。根据目前使用锚杆的情况，锚杆的长度主要有 1 800 mm、2 000 mm、2 200 mm、2 400 mm；直径有 Φ18 mm、Φ20 mm、Φ22 mm。据此设计模拟锚杆受力的试验台如图 5-2 所示。锚杆检测试验台的主要技术参数列于表 5-1。

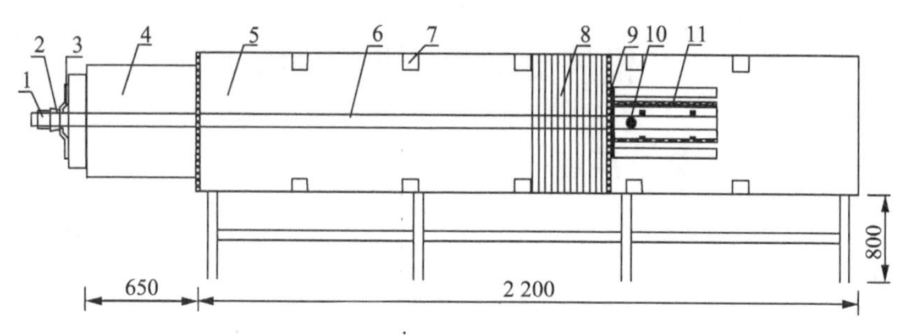

图 5-2 模拟锚杆受力的试验台

1—螺母；2—球垫；3—托盘；4—空心千斤顶；5—试验台主梁；6—被检测锚杆；7—限位座；8—限位 U 形板；9—传感器固定套；10—压力传感器；11—锚固钢管

表 5-1 锚杆检测试验台的主要技术参数

最大试验锚杆长度/mm	最小试验锚杆长度/mm	最大试验锚杆直径/mm	最小试验锚杆直径/mm	油缸活塞最大行程/mm	拉伸时油缸有效面积/mm^2	液压系统最大压力/MPa	拉伸时油缸的最大推力/N	油缸最大拉伸速度/$mm \cdot min^{-1}$	油缸加载速度(可调)/$kN \cdot min^{-1}$	拉拔锚杆时 U 形板焊缝的安全因数 n_1	主梁刚度安全因数 n_2
2 400	1 400	22	14	450	17 279	25	431 975	86.8	0～50	2 143	6 123

采用在 Φ28 mm×500 mm 的无缝钢管(一端固定)内进行树脂锚固。锚固时，将内径 Φ28 mm 的钢管用卡座固定好，用岩石电钻带动锚杆快速搅拌树脂 20～30 s 停下。然后将锚固好的被拉锚杆如图 5-2 所示安装在锚杆检测试验台上，当空心千斤顶的活塞在液压系统的作用下向外伸出时，对锚杆杆体进行加载受力。锚杆的杆体、锚固段、螺母、托盘同步受力，由于空心千斤顶的拉力传递到压力传感器上，从显示器上显示出拉力值。由于主梁内侧等距离焊接了 U 形板，所以它可以对各种长度、各种直径的锚杆进行拉拔试验。

锚杆受力后，在锚杆外露螺纹段安装传感器连接装置，在传感器连接装置的正面安装加速度传感器，加速度传感器通过导线连接到锚杆智能检测仪上。在锚杆外露端正面激振产生一微小的纵向振动，加速度传感器采集锚杆微振动加速度，并通过导线传输到锚杆智能检测仪上，锚杆智能检测仪将该加速度信号转换成数字信号并存储，最后通过分析软件分析计算锚固长度、锚固位置及受力大小。

三、锚杆纵向振动数据分析与结论

本次试验对 Φ18 mm×1 800 mm、Φ20 mm×2 000 mm、Φ22 mm×2 400 mm 三类锚杆在不同受力状态下进行动力检测。直径 18 mm 锚杆在不同受力状态下的纵向振动波形如图 5-3、图 5-4 所示；直径 20 mm 锚杆在不同受力状态下的纵向振动波形如图 5-5、图 5-6 所示；直径 22 mm 锚杆在不同受力状态下的纵向振动波形如图 5-7、图 5-8 所示。采用数据分析处理软件处理结果列于表 5-2。

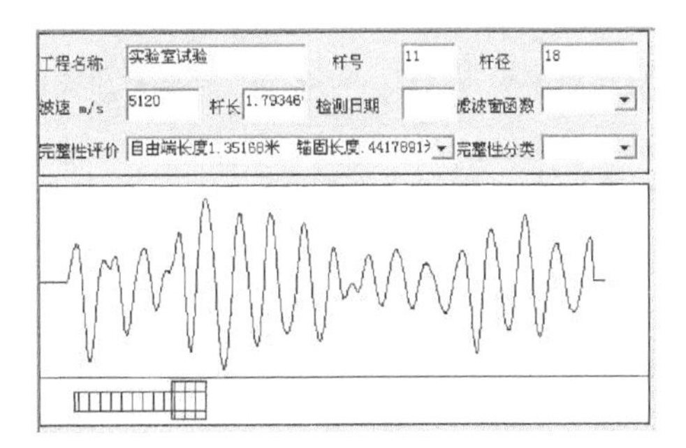

图 5-3　轴向受力为 0 kN 时直径 18 mm 锚杆纵向振动波形

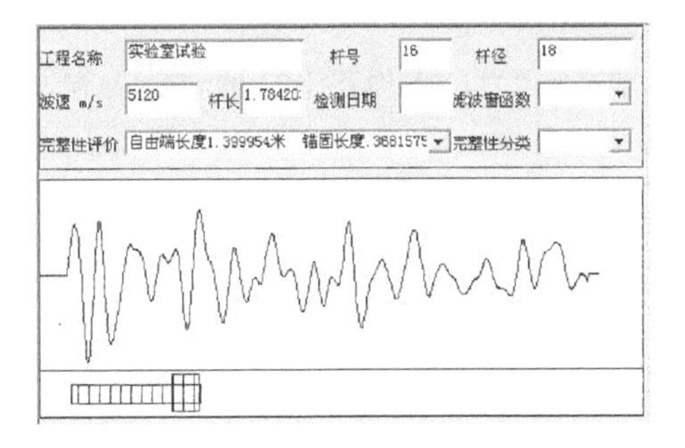

图 5-4　轴向受力为 40 kN 时直径 18 mm 锚杆纵向振动波形

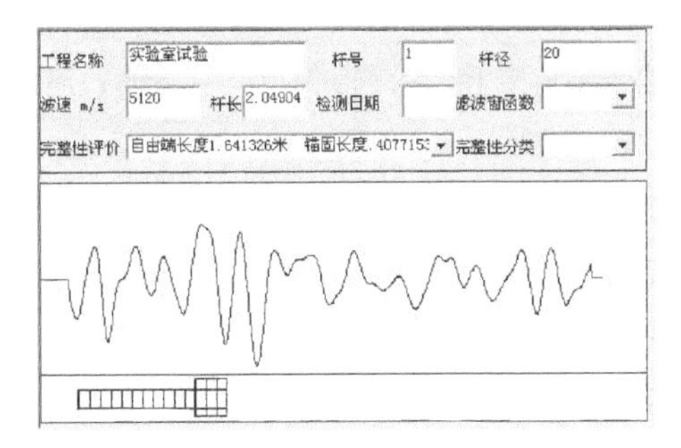

图 5-5　轴向受力为 0 kN 时直径 20 mm 锚杆纵向振动波形

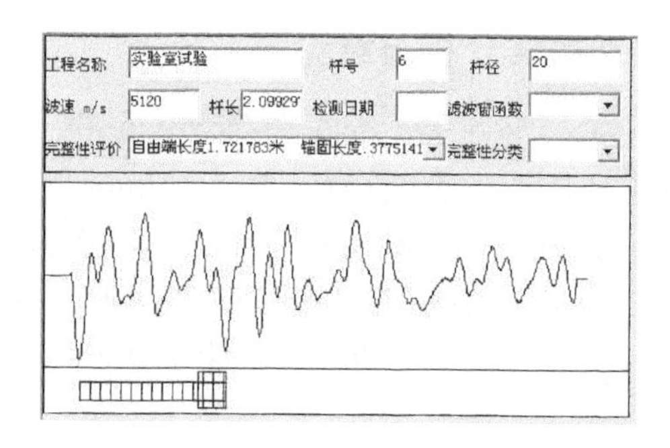

图 5-6 轴向受力为 40 kN 时直径 20 mm 锚杆纵向振动波形

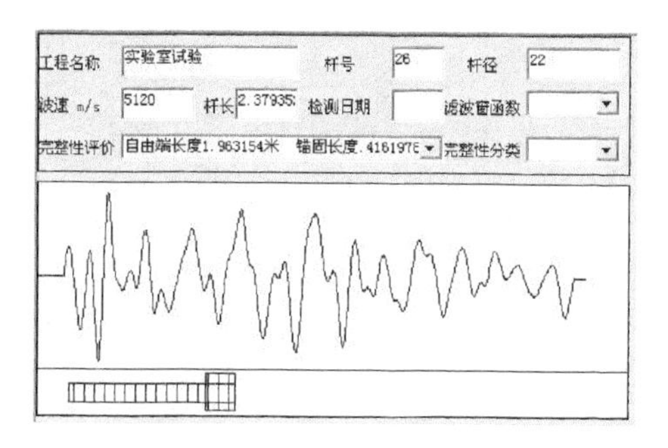

图 5-7 轴向受力为 0 kN 时直径 22 mm 锚杆纵向振动波形

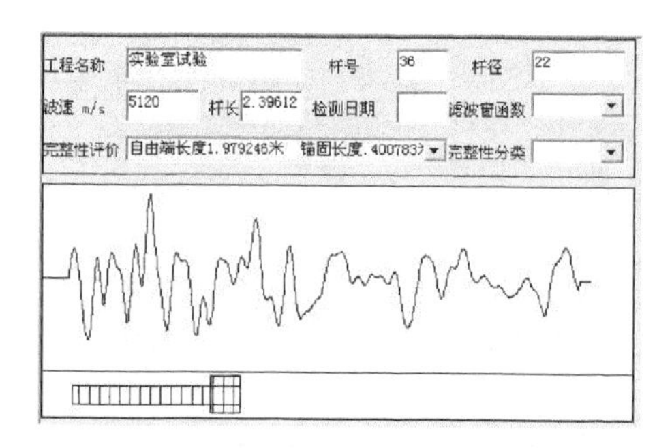

图 5-8 轴向受力为 100 kN 时直径 22 mm 锚杆纵向振动波形

表 5-2 锚杆动力检测数据分析表

序号	杆径/mm	锚杆长度/m	锚固长度/m	轴力/kN	入射波与反相反射波峰值比
1	20	2.0(2.05)	0.4	0	1.255
6	20	2.0(2.10)	0.38	40	0.553
7	20	2.0(2.05)	0.39	60	0.219
11	18	1.8(1.79)	0.44	0	0.625

续表 5-2

序号	杆径/mm	锚杆长度/m	锚固长度/m	轴力/kN	入射波与反相反射波峰值比
15	18	1.8(1.81)	0.38	20	0.565
16	18	1.8(1.78)	0.37	40	0.265
19	18	1.8(2.22)	0.49	60	0.029
20	18	1.8(1.82)	0.32	80	同相反射波不明显
23	18	1.8(1.82)	0.32	100	同相反射波不明显
24	18	1.8(1.81)	0.26	120	0.077
26	22	2.4(2.38)	0.42	0	0.508
31	22	2.4(2.38)	0.40	40	0.493
32	22	2.4(2.38)	0.39	60	0.484
35	22	2.4(2.38)	0.39	80	0.442
36	22	2.4(2.40)	0.40	100	0.345
39	22	2.4(2.43)	0.39	120	0.264
40	22	2.4(2.43)	0.40	140	1.027
43	22	2.4(2.41)	0.37	160	1.569

表 5-2 中锚杆长度(括号内)是根据入射波与同相反射波的来回传播时间来计算,其中 19# 实测锚杆长度比实际锚杆长度要大得多的原因是因为加速度传感器接收到的是锚杆的横向振动;锚固长度是根据反相反射波与同相反射波的来回传播时间来计算;轴力为液压操作台上显示器显示的拉力值。从表中可以看出实测的锚固长度与实际的锚固长度 0.4 m 较吻合。同一根锚杆在不同受力状态下的入射波与反相反射波幅值比也不相同,轴力越大,其幅值比就越小;杆径为 18 mm 的锚杆,当轴力大于或等于 80 kN 时,反相反射波异常或不明显;杆径为 22 mm 的锚杆,当轴力大于或等于 140 kN 时,反相反射波异常。

四、锚杆横向振动数据分析与结论

本次锚杆横向振动检测数据采用数据分析处理软件处理结果列于表 5-3。表中 β 为与托板和煤岩壁间挤压变形相关的支承系数,轴力较大时取 0.2,轴力较小时取 0.1。从表中数据可以发现,轴力较小时,误差百分比较大,而在轴力较大时,误差百分比相对较小;随着轴力的增大,锚杆支护系统的振动频率也随之增大。因此,应用频率法检测锚杆支护系统的轴力是可行的,尤其是用于评价锚杆的预应力是否达到设计要求时,频率法是行之有效的方法。

表 5-3　轴力与锚杆振动频率对比分析表

序号	杆径/mm	支承系数 β	自由端长度/m	频率/Hz	轴力/kN	检测的轴力/kN	误差百分比/%
14	18	0.1	1.29	606	20	18.9	5.5
17	18	0.1	1.29	640	40	40.6	1.5
18	18	0.2	1.32	660	60	56.7	5.5
21	18	0.2	1.33	678	80	75.2	6.0
22	18	0.2	1.34	694	100	93.0	7.0
4	20	0.1	1.68	766	24	28.6	19.2
5	20	0.1	1.68	780	40	40.6	1.5
8	20	0.2	1.70	808	60	62.2	3.67
9	20	0.2	1.70	834	80	85.7	7.13
29	22	0.1	1.82	520	20	15.5	22.5
30	22	0.1	1.82	536	40	33.5	16.25
33	22	0.2	1.82	574	60	58.1	3.17
34	22	0.2	1.82	590	80	77.2	3.5
37	22	0.2	1.82	608	100	99.3	0.7
38	22	0.2	1.82	622	120	117.0	2.5
41	22	0.2	1.82	634	140	132.5	5.36
42	22	0.2	1.82	644	160	145.6	9.0

第二节　锚杆支护系统瞬态激振的实验研究

一、试验目的与方法

当前，“瞬态激振”是测量和评估结构动力特性普遍采用的激振方法，而用力锤敲击产生脉冲激振的方法应用最为广泛，为获得比较理想的瞬态激振响应曲线，非常有必要进行煤矿预应力锚杆的瞬态激振试验研究。进行锚杆支护系统瞬态激振试验是为了研究力锤质量、激振头半径及激振头硬度与锚杆响应脉冲宽度、响应频率成分之间的关系，为设计符合煤矿要求、检测精度高的激振设备提供实验指导。

锚杆支护系统瞬态激振试验的锚杆必须能模拟煤矿井下锚杆实际的工作状态，为此，采用矿用单体锚杆钻机(图 5-9)在校内防空洞施工了 60 根锚杆，这些锚杆的施工设备及其所处的围岩条件与井下锚杆基本无异。针对煤矿常用预应力锚杆的前 8 阶固有频率范围，设计加工了不同质量、不同激振头半径、不同激振头硬度的力锤如图 5-11 所示。试验检测设备为自行研制的锚杆无损检测仪及其配套装置，试验时，如图 5-12、图 5-13 所示连接信号采集设备，然后用图 5-11 所示的力锤依次对同一根锚杆外端面中心点进行纵向、横向瞬态激振，并由加速度传感器采集锚杆外端面中心点的加速度响应，锚杆无损检测仪将该加速度信号转换成数字信号并存储。

图 5-9　矿用单体锚杆钻机

图 5-10　防空洞内施工的锚杆

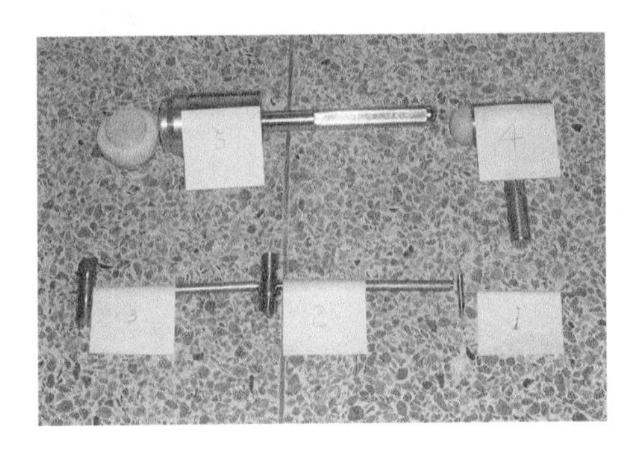

图 5-11　力锤

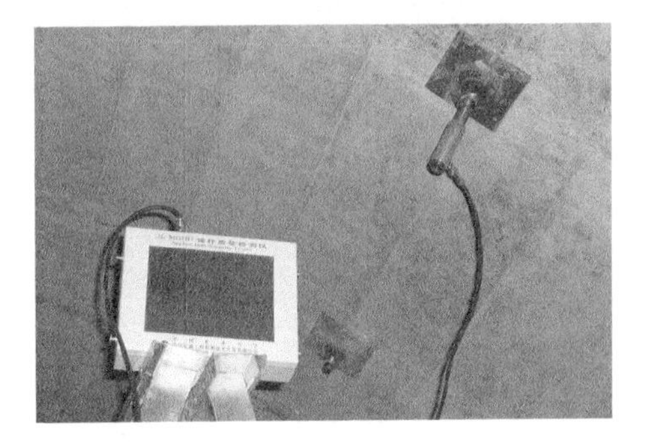

图 5-12　纵向激振信号采集配套设备

图 5-13　横向激振信号采集配套设备

检测完后，在室内将检测仪内的数据传输到计算机，由分析软件读出激振响应曲线上的首脉冲宽度，然后对响应信号进行快速傅立叶变换，求出其频谱曲线，观察频谱曲线所覆盖的响应频率成分，分析力锤质量、激振头半径及激振头硬度与锚杆响应脉冲宽度、响应频率成分之间的关系，得出力锤的指导性设计原则及激振方法。

二、纵向激振数据分析

图 5-14～图 5-19 所示是用图 5-11 所示的力锤对同一根预应力锚杆进行瞬态纵向激振的加速度响应曲线及其频谱曲线，每个图中的上一曲线为时域波形，下一曲线为频谱曲线。不同力锤激振时的锚杆首脉冲响应时间列于表 5-4。

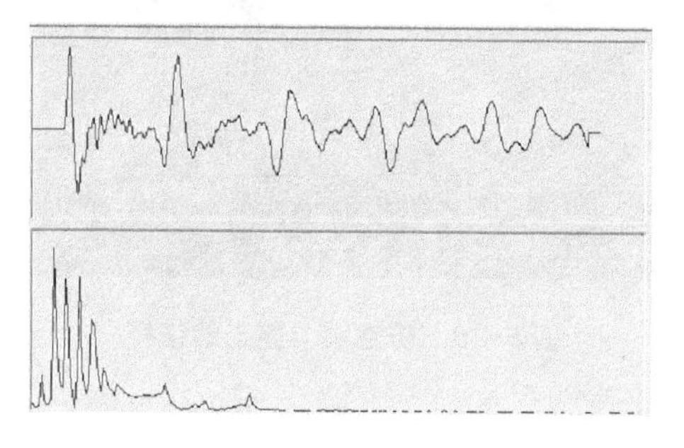

图 5-14　1# 力锤敲击

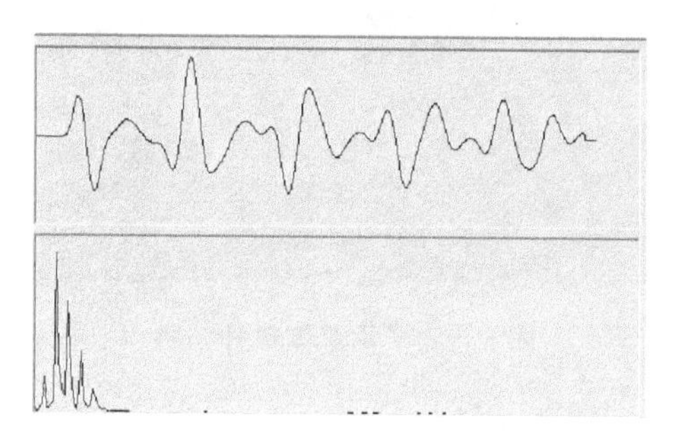

图 5-15　2# 力锤敲击

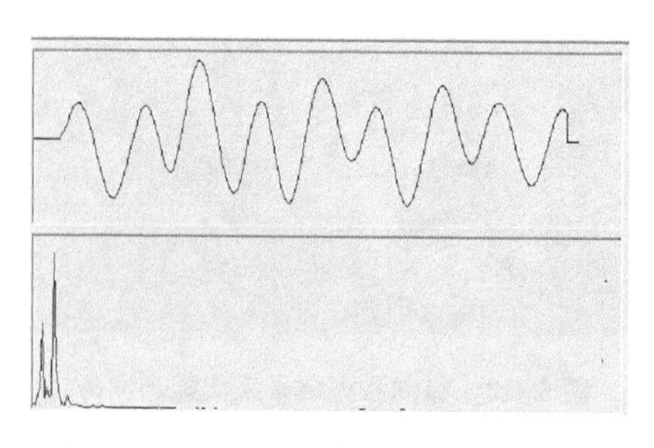

图 5-16　3# 力锤敲击

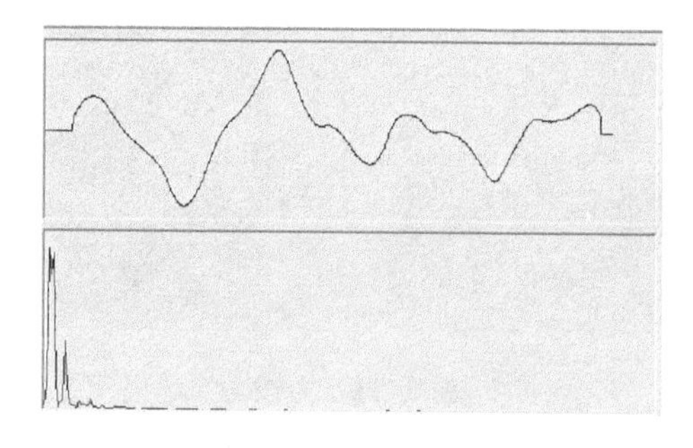

图 5-17　4# 力锤敲击

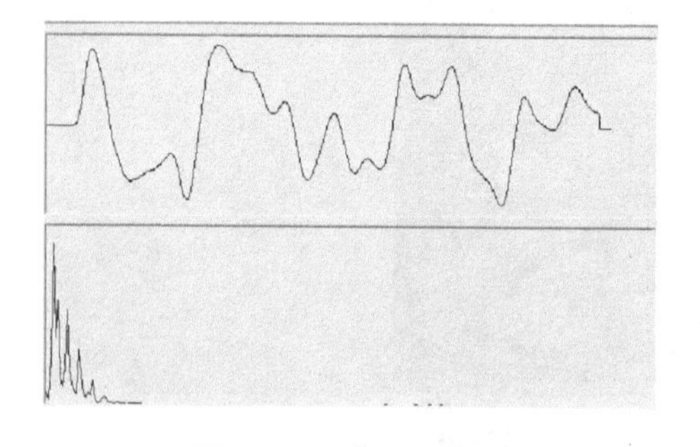

图 5-18　5# 力锤敲击

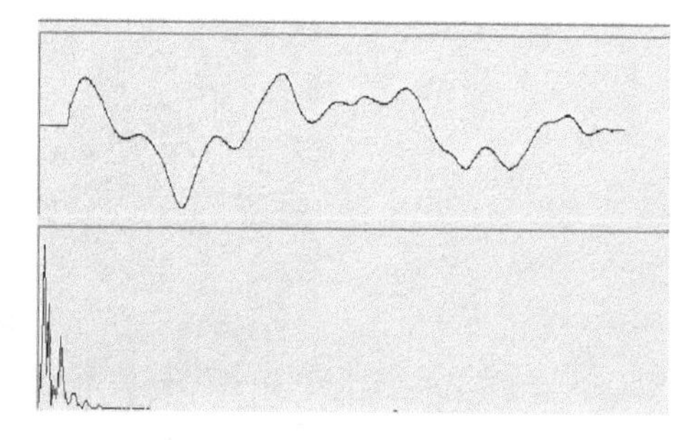

图 5-19　5# 力锤配软头敲击

表 5-4　不同力锤激振的脉冲响应时间

锤号	1#	2#	3#	4#	5#	6#
响应时间/μs	51	99	174	270	213	258

注:6# 为 5# 力锤配软激振头。

从图 5-14～图 5-19 及表 5-4 可以看出,质量越大的力锤,锚杆响应脉冲宽度越宽,响应覆盖的高频成分也就越少;激振头越软,锚杆响应脉冲宽度越宽,响应覆盖的高频成分也就越少。另外,5# 力锤的软激振头半径比 4# 力锤的激振头半径大,5# 力锤的质量也比 4# 力锤的质量要大,而 5# 力锤响应脉冲宽度却比 4# 力锤窄,说明激振头半径越大,锚杆响应脉冲宽度越窄。

王雪峰[67,68]从理论和实践研究表明,碰撞速度越小(提升高度低),信号的脉冲宽度就越大,覆盖的高频成分也就越少。为了研究撞击速度对锚杆动力响应的影响,又用 2# 力锤以较大的速度撞击锚杆端面,激振后锚杆的加速度响应及频谱曲线如图 5-20 所示,首脉冲响应时间为 81 μs。实验同样表明,碰撞速度越高,信号的脉冲宽度就越小,覆盖的高频成分也就越多,长度无损检测的精度也就越高。

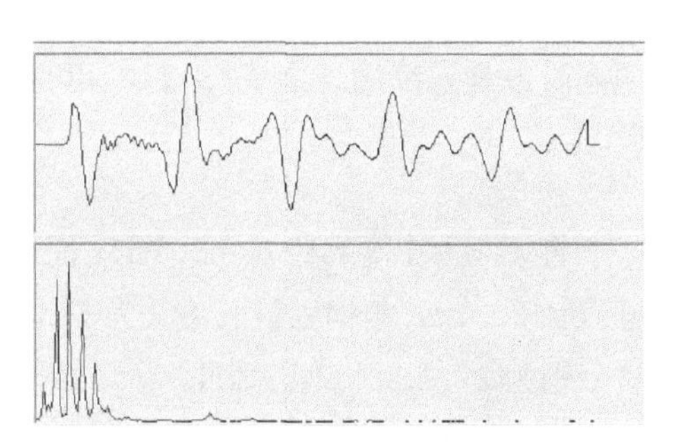

图 5-20　2# 力锤以较大速度敲击

三、横向激振数据分析

图 5-21～图 5-23 所示是用图 5-11 所示的力锤对同一根预应力锚杆进行瞬态横向激振的加速度响应曲线及其频谱曲线,每个图中的上一曲线为时域波形,下一曲线为频谱曲线。从图中可以看出,3# 力锤激振时,锚杆横向动力响应覆盖的频率成分最少,只有一个频率成分;也即力锤质量越轻,锚杆横向动力响应覆盖的频率成分也就越少。因此,在锚杆横向动力检测时,应采用 4# 或 5# 力锤作为激振设备。

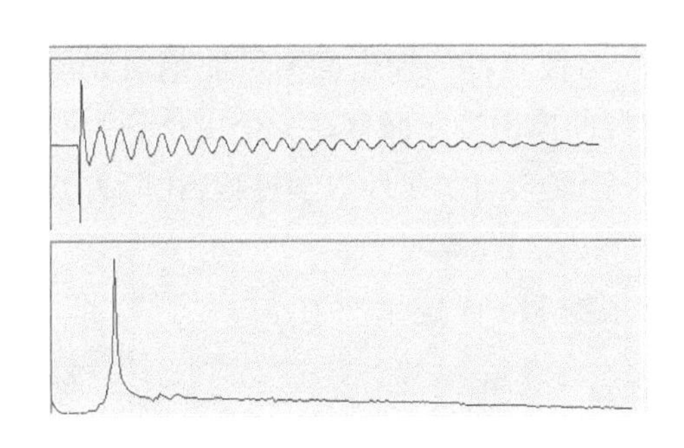

图 5-21　3# 力锤敲击

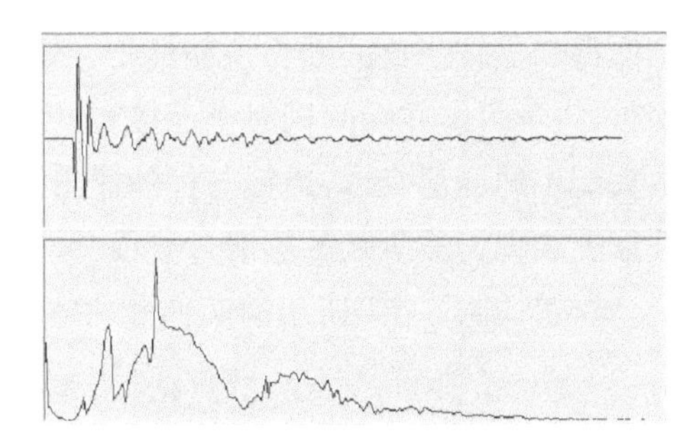

图 5-22　4# 力锤敲击

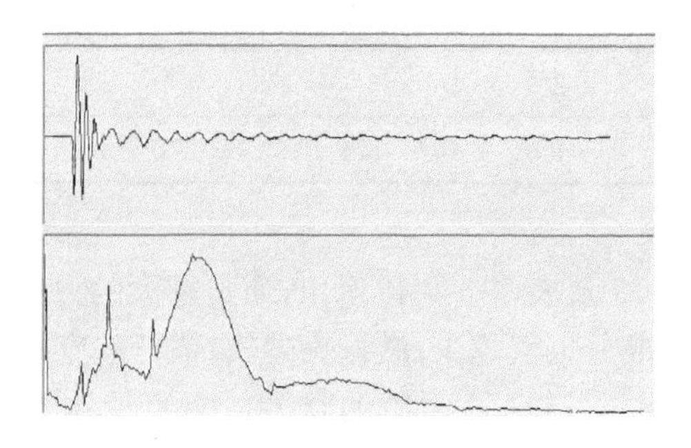

图 5-23　5# 力锤敲击

从图 5-22 的频谱曲线可以看出，存在两阶频率，分别为 266 Hz、439 Hz，而且频率阶数是连续的。由式(3-110)可得 f_{n+1}、f_n基本满足下列关系：

$$f_{n+1} \approx \frac{(n+1.25)^2}{(n+0.25)^2} f_n \tag{5-1}$$

将 $f_{n+1}=439$ Hz、$f_n=266$ Hz 代入式(5-1)可得 $n=2.9$，取 n 为 3。又已知锚杆直径 20 mm、非锚固段长度 l 为 1.35 m，故由式(3-110)计算出 f_4、f_3对应的力 P 分别为 27.1 kN、24.1 kN。

由上面的计算可知，在进行锚杆工作载荷检测中，不仅要从动力测试波形求得频率，还要知道该频率的阶数，因此，在激振时必须激发出两阶以上频率。

第三节　锚杆支护系统瞬态激振的理论分析与数值模拟

一、两弹性杆的撞击

在对锚杆进行无损动力检测中，力锤激振是产生锤击脉冲普遍采用的方法。然而，使用不同质量、不同材质、不同冲击面积的力锤来冲击锚杆端面，其激励脉冲的频谱是不同的，检测时应选择合适的力锤，以获得较准确的检测结果。实践中发现，在进行撞击载荷下动力学测试及定量分析中，只有每次冲击的速度一样，才有可能得到比较一致的动力检测波形。事实上，力锤与杆的撞击面不可能绝对光滑平行，也不可能在瞬间同时全面接触，力锤与杆的撞击接触面存在一个由小到大和由大到小的局部变形，力锤与杆的撞击是一个较复杂的非线性力学过程，在应力波波形上表现为非阶跃的圆滑过渡段[90]。

对于如图 5-24 所示的两弹性球体撞击，根据 Hertz 定律[91]有

$$F = (y/h)^{3/2} \tag{5-2}$$

$$y = u_1 - u_2 \tag{5-3}$$

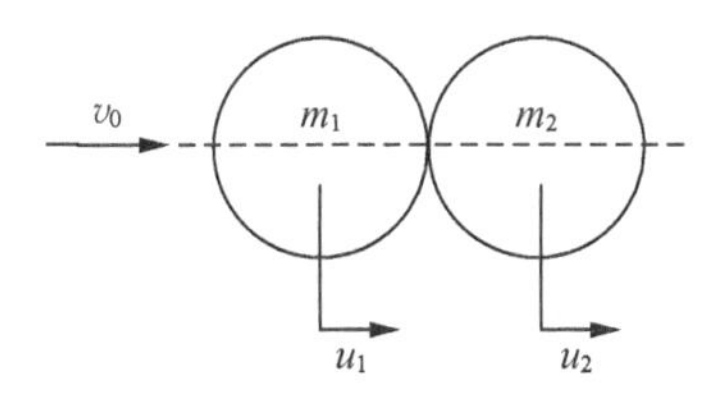

图 5-24　弹性球体撞击

$$h=\sqrt[3]{\frac{9}{16}\left(\frac{1-\upsilon_1^2}{E_1}+\frac{1-\upsilon_2^2}{E_2}\right)^2\left(\frac{1}{R_1}+\frac{1}{R_2}\right)} \tag{5-4}$$

式中，F 为撞击作用力，u_1，u_2 分别为撞击时两球接触面的变形，υ_1，E_1，R_1 和 υ_2，E_2，R_2 分别为两弹性球的泊松比、杨氏模量和撞击处局部表面的曲率半径。

设两球的质量分别为 m_1 和 m_2，m_1 以速度 v_0 撞击 m_2，撞击后两球的运动方程分别为

$$\begin{cases} m_1\dfrac{\mathrm{d}^2u_1}{\mathrm{d}t^2}=-F \\ m_2\dfrac{\mathrm{d}^2u_2}{\mathrm{d}t^2}=F \end{cases} \tag{5-5}$$

初始条件为

$$u_1(0)=u_2(0)=\frac{\mathrm{d}u_2(0)}{\mathrm{d}t}=0,\frac{\mathrm{d}u_1(0)}{\mathrm{d}t}=v_0$$

综合式(5-2)和式(5-5)，可得

$$\frac{\mathrm{d}^2y}{\mathrm{d}t^2}+\frac{m_1+m_2}{m_1m_2}\left(\frac{y}{h}\right)^{3/2}=0 \tag{5-6}$$

令 $P=\frac{\mathrm{d}y}{\mathrm{d}t}$，则 $\frac{\mathrm{d}^2y}{\mathrm{d}t^2}=P\cdot\frac{\mathrm{d}P}{\mathrm{d}t}$，式(5-6)化为

$$P\cdot\frac{\mathrm{d}P}{\mathrm{d}t}=-\frac{m_1+m_2}{m_1m_2}\left(\frac{y}{h}\right)^{3/2} \tag{5-7}$$

由式(5-7)，有

$$P^2=-\frac{4}{5}(h)^{-3/2}\cdot\frac{m_1+m_2}{m_1m_2}(y)^{5/2}+v_0^2 \tag{5-8}$$

由 $P=\frac{\mathrm{d}y}{\mathrm{d}t}$，进一步得

$$\frac{\mathrm{d}y}{\mathrm{d}t}=\sqrt{v_0^2-\frac{4}{5}(h)^{-3/2}\cdot\frac{m_1+m_2}{m_1m_2}(y)^{5/2}} \tag{5-9}$$

对式(5-9)进行积分得

$$\int_0^{y/y_{\max}}\frac{\mathrm{d}\xi}{\sqrt{1-\xi^{5/2}}}=\frac{v_0t}{y_{\max}} \tag{5-10}$$

其中最大挤压量

$$y_{\max}=\left(\frac{5}{4}h^{3/2}\frac{m_1+m_2}{m_1m_2}v_0^2\right)^{2/5} \tag{5-11}$$

式(5－10)左边的积分没有明确的表达式，对此，Hunter 根据定积分 $\int_0^1\frac{\mathrm{d}\xi}{\sqrt{1-\xi^{5/2}}}$ 与定积分 $\int_0^1\frac{\mathrm{d}\xi}{\sqrt{1-\xi^2}}$ 的比值 1.067 将式(5－10)近似为 $\int_0^{y/y_{\max}}\frac{\mathrm{d}\xi}{1.067\cdot\sqrt{1-\xi^2}}=\frac{v_0t}{y_{\max}}$，即

$$\frac{y}{y_{\max}}=\sin\left(\frac{1.067v_0}{y_{\max}}t\right) \tag{5-12}$$

若设 $\Psi(\eta)=\dfrac{\int_0^\eta\frac{\mathrm{d}\xi}{\sqrt{1-\xi^2}}}{\int_0^\eta\frac{\mathrm{d}\xi}{\sqrt{1-\xi^{5/2}}}}$，则当 η=0.05、0.1、0.15、0.20、0.25、0.30、0.35、0.40、0.45、0.50、0.55、0.60、0.65、0.70、0.75、0.80、0.85、0.90、0.95、1 时，采用数值积分法可求得 $\Psi(\eta)$=1、1.002、1.002 7、1.004 5、1.006 4、1.008 3、1.011、1.013 3、1.016 3、1.019 3、1.022 5、1.025 7、1.029 1、1.032 8、1.036 5、1.040 6、1.045 1、1.05、1.055 8、1.067 3。显然，只有当位移 y 接近 $y_{\max}$，式(5-12)才为式(5-10)的解。若取 $\Psi(\eta)$的平均值 1.023 3 将式(5-10)近似为 $\int_0^{y/y_{\max}}\frac{\mathrm{d}\xi}{1.0233\cdot\sqrt{1-\xi^2}}=\frac{v_0t}{y_{\max}}$，即有

$$\frac{y}{y_{\max}}=\sin\left(\frac{1.0233v_0}{y_{\max}}t\right) \tag{5-13}$$

则式(5-13)更接近式(5-10)的解。

下面考虑图 5-25 所示的运动系统，在两球之间设有一个刚度为 k 的弹簧，m_1 以速度 v' 撞击弹簧，当弹簧保持与 m_2 接触时，其运动方程为

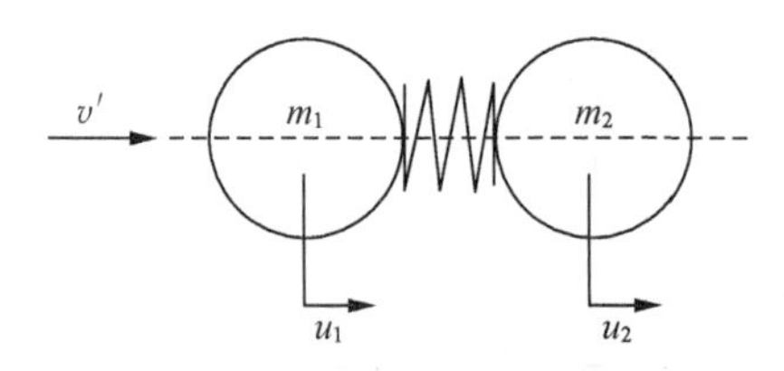

图 5-25　弹性体与弹簧撞击

$$
\begin{cases}
m_1 \dfrac{\mathrm{d}^2 u_1}{\mathrm{d}t^2} + k(u_1 - u_2) = 0 \\
m_2 \dfrac{\mathrm{d}^2 u_2}{\mathrm{d}t^2} + k(u_2 - u_1) = 0
\end{cases}
\tag{5-14}
$$

初始条件为

$$
u_1(0) = u_2(0) = \frac{\mathrm{d}u_2(0)}{\mathrm{d}t} = 0, \frac{\mathrm{d}u_1(0)}{\mathrm{d}t} = v'
$$

解得

$$
\left.
\begin{aligned}
u_1 &= v' \frac{m_2}{m_1 + m_2} t + \frac{v'}{\omega} \frac{m_2}{m_1 + m_2} \sin\omega t \\
u_2 &= v' \frac{m_2}{m_1 + m_2} t - \frac{v'}{\omega} \frac{m_1}{m_1 + m_2} \sin\omega t
\end{aligned}
\right\}
\tag{5-15}
$$

其中 $\omega = \sqrt{k \dfrac{m_1 + m_2}{m_1 m_2}}$，两式相减得

$$
y = u_1 - u_2 = \frac{v'}{\omega} \sin\omega t \tag{5-16}
$$

对比式(5-13)和式(5-16)，若使 k，v' 满足

$$
\frac{v'}{\omega} = y_{\max} \tag{5-17}
$$

$$
\omega = \sqrt{k \frac{m_1 + m_2}{m_1 m_2}} = \frac{1.0233 v_0}{y_{\max}} \tag{5-18}
$$

且对式(5-16)取半周期解，式(5-13)和式(5-16)就完全一致。这表明，用式(5-13)近似式(5-10)的物理实质是采用线性当量弹簧来模拟局部撞击处的弹性挤压这一非线性过程。由此可以认为，力锤锤击锚杆端面的局部变形的线性模型是非线性模型的近似。其中，当量弹簧的刚度为

$$
k = 0.876 \left(\frac{m_1 m_2}{m_1 + m_2} \cdot \frac{v_0^2}{h^6} \right)^{1/5} \tag{5-19}
$$

在锚杆检测中，力锤的端面一般为圆形，设其半径为 R；锚杆端面一般为平面，则式(5-4)中的 $R_1 = R, R_2 = \infty$；又锚杆与力锤的材质都为钢材，故泊松比 $\upsilon_1 = \upsilon_2 = 0.3$。则式(5-4)简化为

$$
h = \sqrt[3]{0.4658 \frac{1}{R} \left(\frac{E_1 + E_2}{E_1 E_2} \right)^2} \tag{5-20}
$$

将式(5-20)代入式(5-19)得

$$
k = 0.64 \left(\frac{m_1 m_2}{m_1 + m_2} \right)^{1/5} \cdot \left(\frac{E_1 E_2}{E_1 + E_2} \right)^{4/5} \cdot (R v_0)^{2/5} \tag{5-21}
$$

假定在力锤与杆间设置了一个无质量的具有刚度为 k 的弹簧，这样，力锤与杆并不是直接撞击，而是借助于弹簧的间接撞击，其力学模型如图 5-26 所示，由于杆

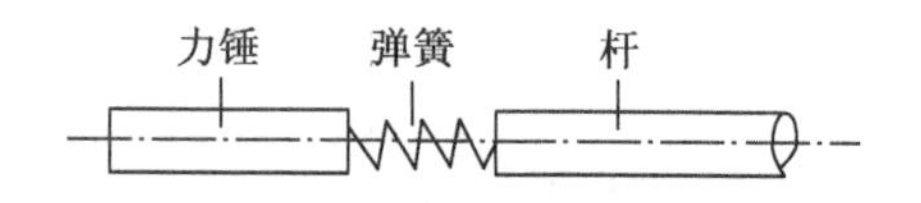

图 5-26 力锤与杆的间接撞击模型

的长度较力锤的长度长得多，在这里可视其为无限半长杆。设力锤和杆（长为 L）的质量分别为 m_1 和 m_2，弹性模量分别为 E_1 和 E_2，密度分别为 ρ_1 和 ρ_2，由弹簧特性方程可得：

$$\frac{\mathrm{d}F}{\mathrm{d}t}=k(v'-v) \tag{5-22}$$

式中，F 为作用于弹簧两端的力/N，压应力为正；k 为弹簧刚度/$\mathrm{N}\cdot\mathrm{m}^{-1}$；$v'$ 和 v 分别为相邻弹簧的力锤端面速度和压杆端面速度/$\mathrm{m}\cdot\mathrm{s}^{-1}$。

根据压杆的半无限长假设和波动理论有：

$$F=zv \tag{5-23}$$

$$z=\frac{m_2}{L}\sqrt{\frac{E_2}{\rho_2}} \tag{5-24}$$

整理以上两式可得：

$$\frac{\mathrm{d}F}{\mathrm{d}t}+\frac{k}{z}F=kv' \tag{5-25}$$

初始条件：

$$t=0,F=0,v'=v_0,\frac{\mathrm{d}F}{\mathrm{d}t}=kv_0 \tag{5-26}$$

式中，v_0 为冲锤的撞击速度。

当冲锤为刚体时，冲锤只有一个速度，根据牛顿定理：

$$F=-m_1\frac{\mathrm{d}v'}{\mathrm{d}t} \tag{5-27}$$

综合式(5-25)和式(5-27)可得：

$$\frac{1}{k}\frac{\mathrm{d}^2F}{\mathrm{d}t^2}+\frac{1}{z}\frac{\mathrm{d}F}{\mathrm{d}t}+\frac{1}{m_1}F=0 \tag{5-28}$$

引入无量纲力 $F'=F/(z\cdot v_0)$ 和无量纲时间 $t'=\frac{k}{2z}t$，令 $\eta=\frac{z^2}{m_1k}$，由于当采用一小力锤撞击锚杆时，撞击接触面积小，且力锤的质量又小，故有 $\eta>0.25$，从而可令 $\omega'=\sqrt{4\eta-1}$。由初始条件式(5-26)得方程(5-28)的解为

$$F'(t')=\frac{2}{\omega'}\mathrm{e}^{-t'}\sin(\omega't'),0\leqslant t'\leqslant\frac{\pi}{\omega'} \tag{5-29}$$

η 值越大，应力波波形越接近正弦函数。这是因为 η 越大，ω 就越大，而 t' 就越小，$\mathrm{e}^{-t'}$ 就越接近 1。故近似地有：

$$F' = \frac{2}{\omega'}\sin(\omega' t') \tag{5-30}$$

以 F、t 代入式(5-30)，得

$$F = \frac{2zv_0}{\sqrt{4\frac{z^2}{m_1 k}-1}}e^{-\frac{k}{2z}t}\sin\left(\frac{k\sqrt{4\frac{z^2}{m_1 k}-1}}{2z}t\right) \tag{5-31}$$

将式(5-21)和式(5-24)代入式(5-31)整理得冲击力近似解为

$$\begin{aligned} F = &\sqrt{0.64\frac{m_1^{6/5}m_2^{1/5}}{(m_1+m_2)^{1/5}}\left(\frac{E_1E_2}{E_1+E_2}\right)^{4/5}\cdot R^{2/5}v_0^{12/5}}\cdot \\ &\exp\left(-0.32L\rho_2^{1/2}\frac{m_1^{1/5}m_2^{-4/5}}{(m_1+m_2)^{1/5}}\cdot\frac{E_1^{4/5}E_2^{3/10}}{(E_1+E_2)^{4/5}}\cdot(Rv_0)^{5/2}\cdot t\right)\cdot \\ &\sin\left(\sqrt{0.64\frac{m_2^{1/5}}{m_1^{4/5}(m_1+m_2)^{1/5}}\cdot\left(\frac{E_1E_2}{E_1+E_2}\right)^{4/5}\cdot(Rv_0)^{5/2}}t\right) \end{aligned} \tag{5-32}$$

当力 F 为负时，力锤与锚杆脱离，此时的时间即为脉冲作用时间 τ，则

$$\tau = \frac{\pi}{1.6}\cdot\sqrt{\frac{m_1^{4/5}(m_1+m_2)^{1/5}}{m_2^{1/5}}\cdot\left(\frac{1}{E_1}+\frac{1}{E_2}\right)^{4/5}\cdot(Rv_0)^{-\frac{5}{2}}} \tag{5-33}$$

式中，m_1、m_2分别为力锤的质量和锚杆的等效质量；E_1、E_2分别为力锤和锚杆的弹性模量；R 为锤击头球状半径；v_0为力锤接触锚杆端面的速度。

由式(5-33)可知，力锤的质量越小，应力波脉冲时间越短，覆盖的高频成分也就越多；锚杆质量越大，应力波脉冲时间越短，覆盖的高频成分也就越多；力锤和压杆的弹性模量越大，应力波脉冲时间越短，覆盖的高频成分也就越多；锤击头半径越大，应力波脉冲时间越短，覆盖的高频成分也就越多；锤击速度越大，应力波脉冲时间越短，覆盖的高频成分也就越多。

二、力锤激励圆杆的数值模拟

为了详细了解力锤与锚杆撞击的力学性能，将运用 ANSYS/LS-DYNA 软件模拟一长度为 0.3 m 的杆撞击长为 2.0 m 的锚杆时，撞击杆在不同的质量、撞击头半径和撞击面弹性模量情况下，撞击面应力波形态及响应脉冲时间变化情况，建立的有限元网格如图 5-27 所示。半径为 10 mm、密度为 7 840 kg/m^3、弹性模量为 210 GPa、撞击速度为 2 m/s 的撞击杆在撞击面为平面和撞击面半径为 10 mm 时，撞击面应力波形态如图 5-28、图 5-29 所示。由图 5-28、图 5-29 可以看出，撞击面为平面时，应力波形态为矩形波，且在被撞击杆末端出现反相应力波；撞击面为球形时，应力波形态为类半正弦波，且响应脉冲时间增长。

同时，还模拟了不同质量、撞击头半径、弹性模量的撞击杆以不同的速度撞击半径为 10 mm、密度为 7 840 kg/m^3、弹性模量为 210 GPa、长为 2.0 m 的锚杆，质

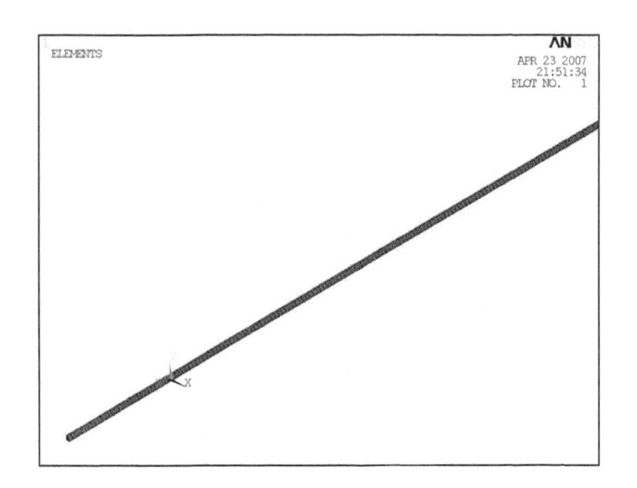

图 5-27 杆与杆撞击有限元网格

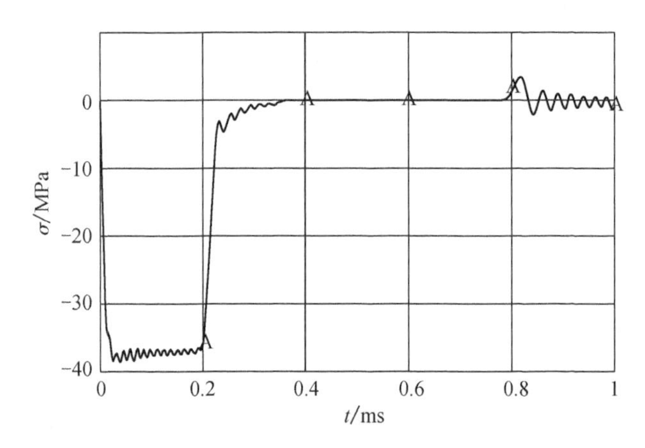

图 5-28 撞击面为平面时的应力波波形

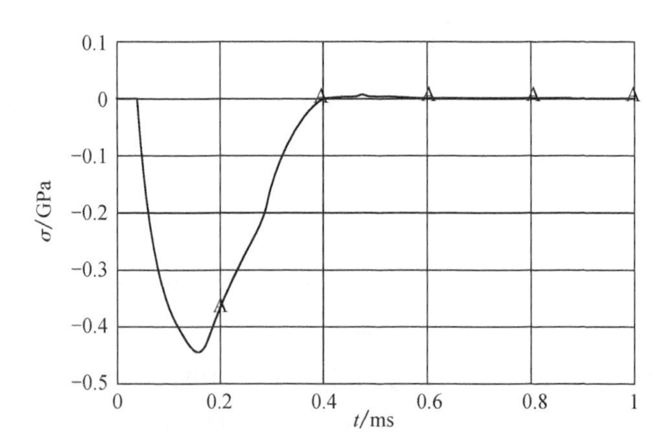

图 5-29 撞击面半径为 10 mm 时的应力波波形

量取 0.73 kg、0.47 kg、0.18 kg 三种情况，撞击头半径取 10 mm、8 mm、5 mm 三种情况，弹性模量取 210 GPa、150 GPa、80 GPa 三种情况，撞击速度取5 m/s、2 m/s、1 m/s 三种情况。各种组合情况下撞击面应力波形态如图 5-30～图 5-37 所示，其应力波形态均为类半正弦波，应力波持续时间列于表 5-5。从表5-5 中可以看出，质量越小，其响应脉冲时间越短；撞击速度越大，其响应脉冲时间越短；弹性模量越大，其响应脉冲时间越短；撞击头半径越大，其响应脉冲时间越短。从图 5-34、图 3-35 可以看出，随着撞击速度的增大，其响应脉冲时间变短；当撞击速度增大到 5 m/s 时，其应力波曲线上出现毛刺，说明此时的两杆撞击表现出强烈的非线性力学行为，这势必影响锚杆受激后的动态响应，因此，通过无限制的提高撞击速度来降低响应脉冲时间是不可取的。

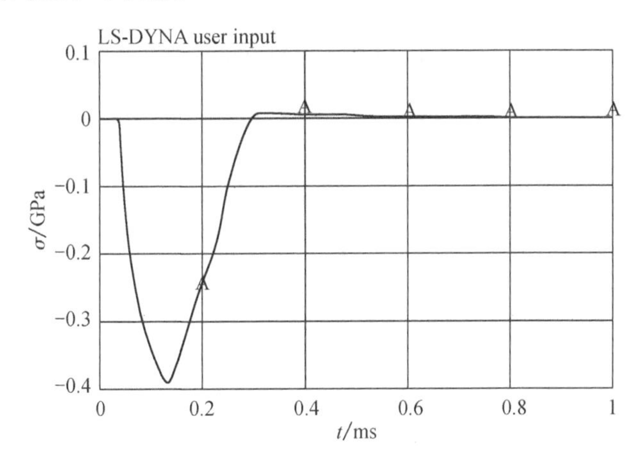

图 5-30　质量 0.47 kg、弹性模量 210 GPa、半径 10 mm、速度 2 m/s 时的应力波波形

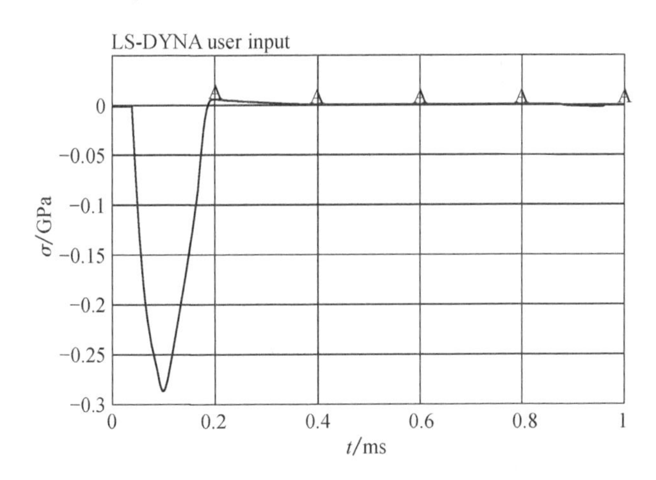

图 5-31　质量 0.18 kg、弹性模量 210 GPa、半径 10 mm、速度 2 m/s 时的应力波波形

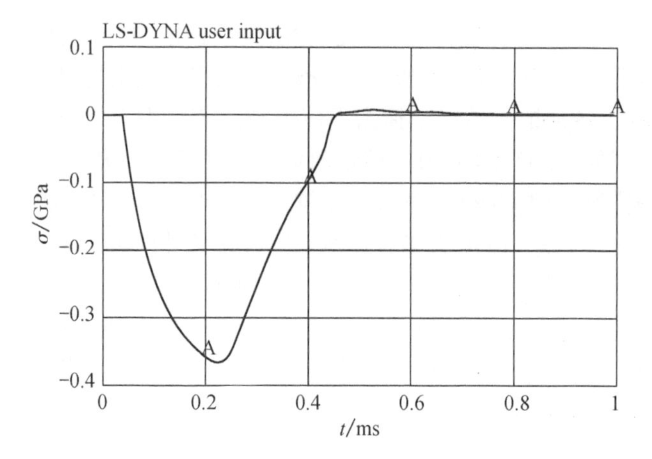

图 5-32　质量 0.73 kg、弹性模量 150 GPa、半径 10 mm、速度 2 m/s 时的应力波波形

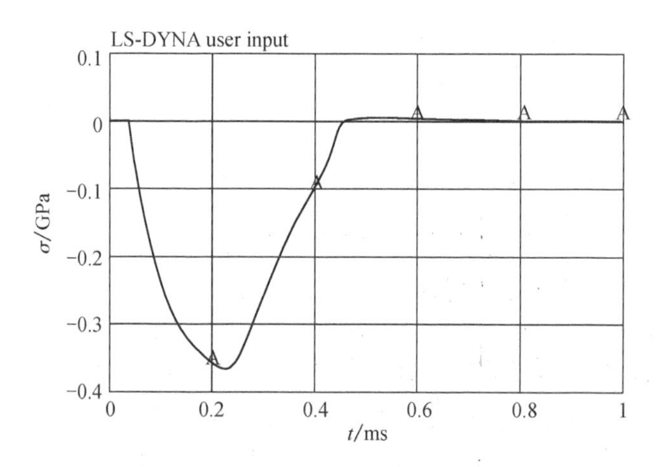

图 5-33　质量 0.73 kg、弹性模量 80 GPa、半径 10 mm、速度 2 m/s 时的应力波波形

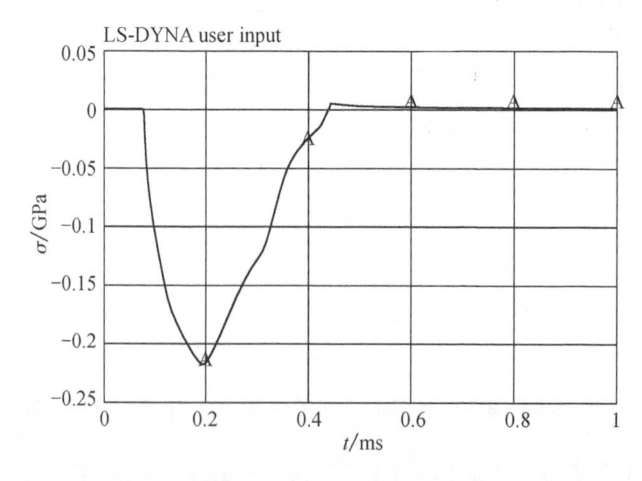

图 5-34　质量 0.73 kg、弹性模量 210 GPa、半径 10 mm、速度 1 m/s 时的应力波波形

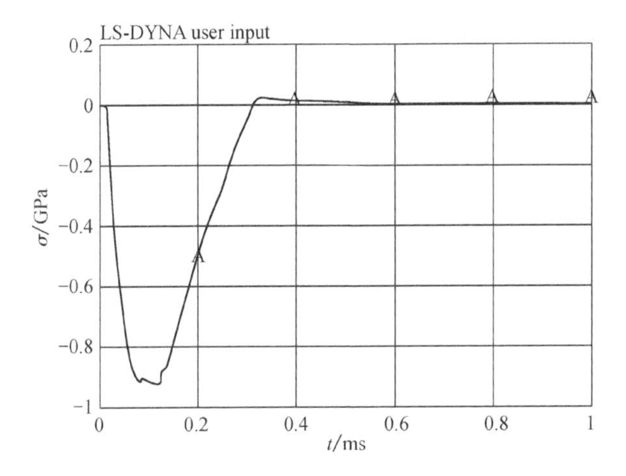

图 5-35　质量 0.73 kg、弹性模量 210 GPa、半径 10 mm、速度 5 m/s 时的应力波波形

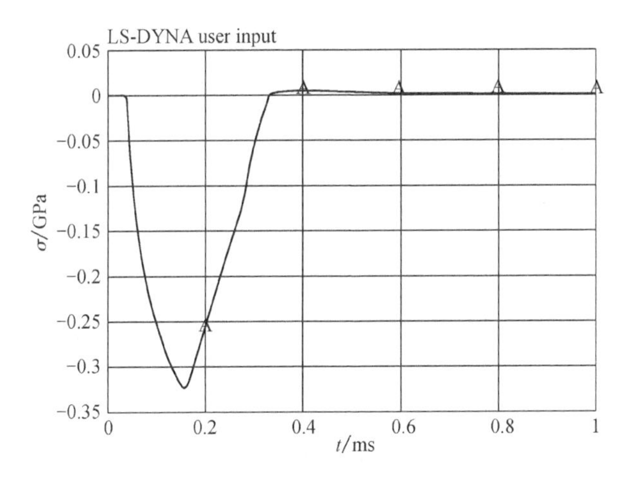

图 5-36　质量 0.73 kg、弹性模量 210 GPa、半径 8 mm、速度 2 m/s 时的应力波波形

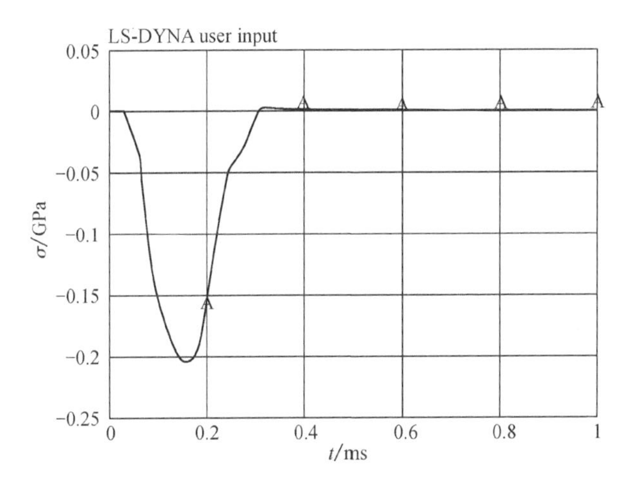

图 5-37　质量 0.73 kg、弹性模量 210 GPa、半径 5 mm、速度 2 m/s 时的应力波波形

表 5-5 撞击杆在不同质量、撞击头半径和弹性模量和速度下的响应脉冲时间

质量/kg	弹性模量/GPa	撞击头半径/mm	撞击速度/m·s^{-1}	响应脉冲时间/ms
0.47	210	10	2	0.304
0.18	210	10	2	0.19
0.73	150	10	2	0.393
0.73	80	10	2	0.453
0.73	210	10	1	0.442
0.73	210	10	5	0.316
0.73	210	8	2	0.33
0.73	210	5	2	0.305

三、力锤激励非预应力锚杆的数值模拟

选择煤矿常用的直径为 Φ20 mm 的锚杆进行数值模拟，其中杆体长度为2 m、弹性模量为 210 GPa、密度取 7 840 kg/m^3、泊松比取 0.2；树脂弹性模量16 GPa、密度 1 800 kg/m^3、泊松比 0.25、孔径为 28 mm；锚固长度分别取 0.5 m、0.75 m、1.25 m、1.5 m、1.75 m、2.0 m；围岩的弹性模量为 28 GPa、密度取 2 500 kg/m^3、泊松比取 0.25；树脂与围岩间每 1 cm 设 7 个分布弹簧，每个弹簧的刚度参数取 1×10^4 N/m；建立的有限元网格如图 5-38 所示。撞击速度分别取 2 m/s 、5 m/s，撞击后，响应脉冲时间与锚固长度间关系如图 5-39 所示。另外，锚固长度取 2.0 m，分布弹簧单元刚度参数分别取 1×10^2 N/m、5×10^2 N/m、1×10^3 N/m、5×10^3 N/m、1×10^4 N/m、5×10^4 N/m、1×10^5 N/m，响应脉冲时间与分布弹簧刚度关系如图 5-40 所示。

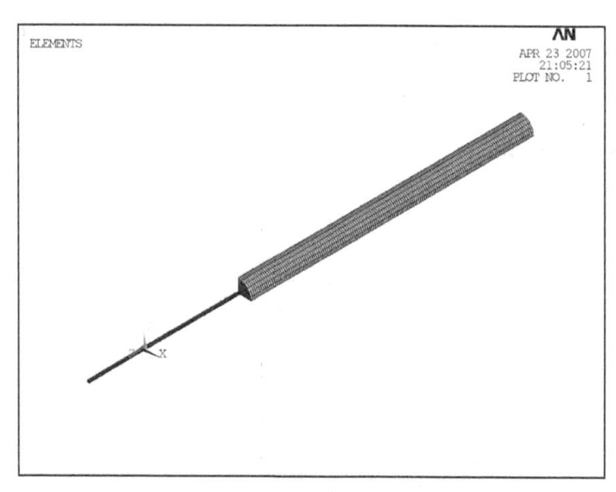

图 5-38 杆与非预应力锚杆撞击有限元网格

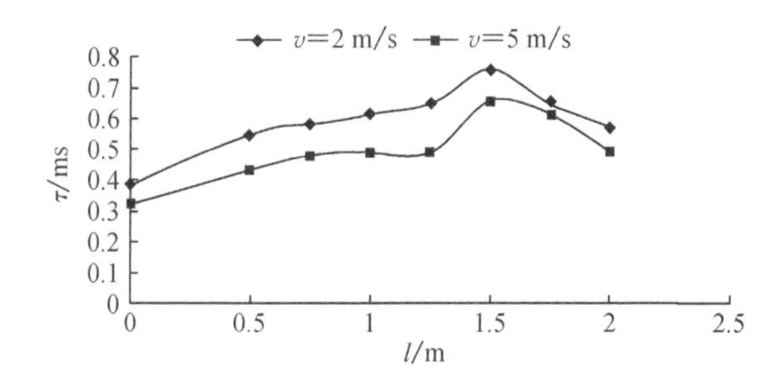

图 5-39　响应脉冲时间与锚固长度间关系

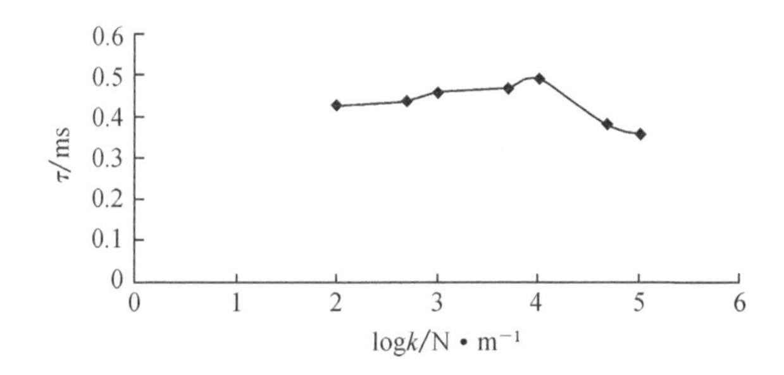

图 5-40　响应脉冲时间与分布弹簧刚度关系

从图 5-39 可以看出，随着锚固长度的增加，响应脉冲时间先升后降，即当锚固长度增加到一定长度后，响应脉冲时间随锚固长度的增加反而降低；另外，不论锚固长度多长，锤击速度越大，其响应脉冲时间越短。从图 5-40 可以看出，随着分布弹簧刚度的增加，响应脉冲时间先平缓增加，然后迅速降低，即当分布弹簧刚度增加到一定值后，响应脉冲时间随分布弹簧刚度的增加反而降低。

四、力锤激励预应力锚杆的数值模拟

选择煤矿常用的直径为 Φ20 mm 的锚杆进行数值模拟，其中杆体的长度为 2.0 m、弹性模量为 210 GPa、密度取 7 840 kg/m^3、泊松比取 0.2；岩体的内径 1.1 cm、外径 5.0 cm、长度 2.45 m、弹性模量 28 GPa、密度 2 500 kg/m^3、泊松比 0.25；在距锚杆外露端 3.0 cm 处刚性连接一长为 1.0 cm、内径 1.0 cm、外径 1.6 cm 的螺母，螺母与岩体之间设置一内径为 1.1 cm、外径为 5.0 cm、长度为 1.0 cm、弹性模量为 210 GPa、密度为 7 840 kg/m^3、泊松比为 0.3 的托板；岩体与托板、托板与螺母之间接触算法均采用面面接触算法，锚杆另一端设为固定端；建立的有限元网格如图 5-41 所示。以长为 0.3 m、撞击头半径 10 mm、密度为 7 840 kg/m^3、弹性模量为 210 GPa 的撞击杆以速度 5 m/s 撞击上述轴力分别为 20 kN、50 kN 的预应力锚杆，其响应脉冲作用时间分别为 0.33 ms、0.34 ms。撞击面应力波形态如图5-42、图5-43 所示。

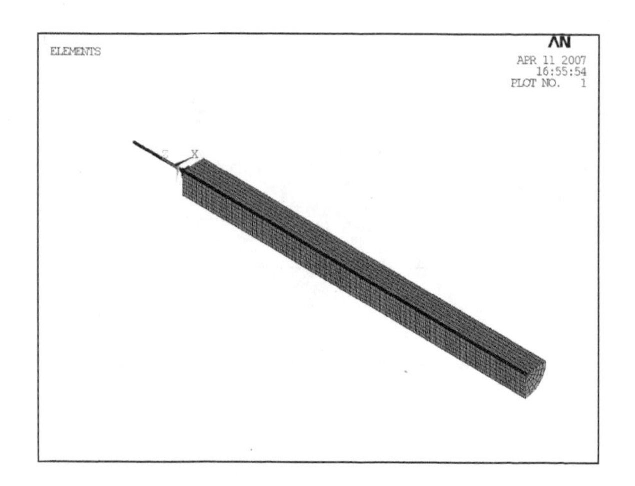

图 5-41　杆与预应力锚杆撞击有限元网格

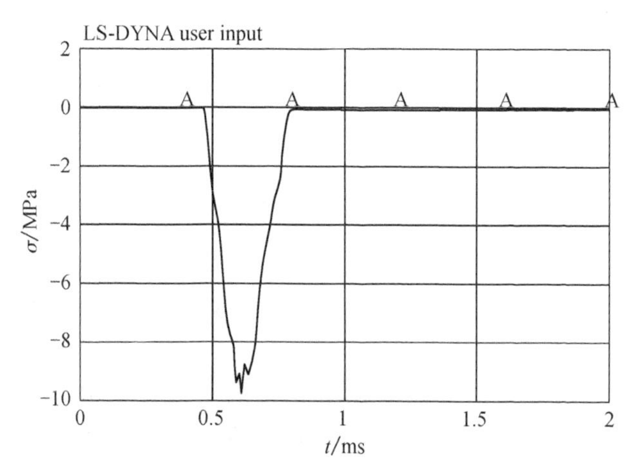

图 5-42　轴力 20 kN 时的应力波波形

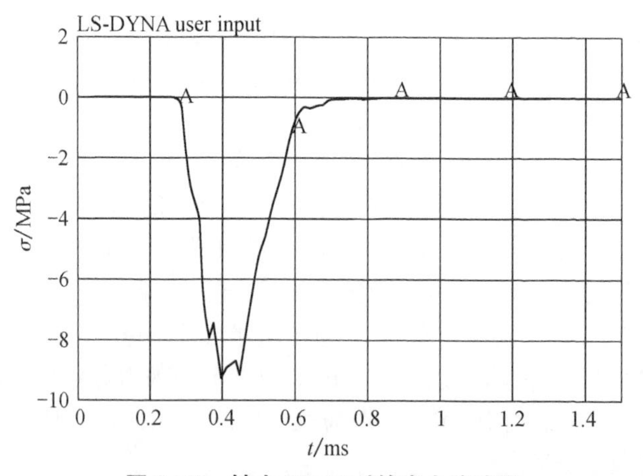

图 5-43　轴力 50 kN 时的应力波波形

与自由杆受 5 m/s 的撞击速度的响应脉冲时间 0.316 ms 相比，预应力锚杆受 5 m/s 的撞击速度的响应脉冲时间(预应力 20 kN 时的脉冲时间 0.330 ms)要长，说明预应力越大，锚杆受激响应脉冲时间越长，覆盖的高频成分也就越少。图 5-42、图 5-43 与图 5-35 对比发现，预应力影响应力波形态，轴力越大，圆滑性越差。

第四节　锚固结构损伤无损检测的实验研究

为了分析锚固结构损伤模式并对损伤的检测方式进行探讨，采用 2 卷 Φ23 mm×350 mm 的树脂药卷将直径 20 mm、长 1.8 m 的螺纹钢锚杆锚固在预留中空孔、长 1 000 mm 的混凝土试块内，混凝土试块置于自建的锚杆锚固性能测试平台中，在锚固结构非锚固锚杆杆体上套上中空液压千斤顶进行锚杆轴向加载并测量轴向力，采用位移百分表测量锚杆杆体轴向位移，如图 5-44 所示；加载结束后锚固结构锚固状态及锚固损伤情况如图 5-45 所示。实验时，首先对未施加轴向力的锚固锚杆进行纵向瞬态激振的动力波测试，测试波形如图 5-46(a)所示；然后对锚固锚杆进行分级轴向加载，加载后进行纵向瞬态激振的动力波测试，测试波形如图 5-46(b)～5-46(h)所示。

图 5-44　锚杆锚固性能测试平台及锚杆加载

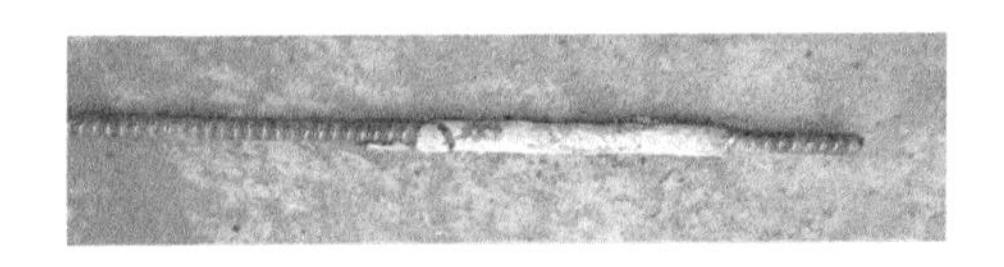

图 5-45　锚杆锚固结构锚固状态及锚固损伤

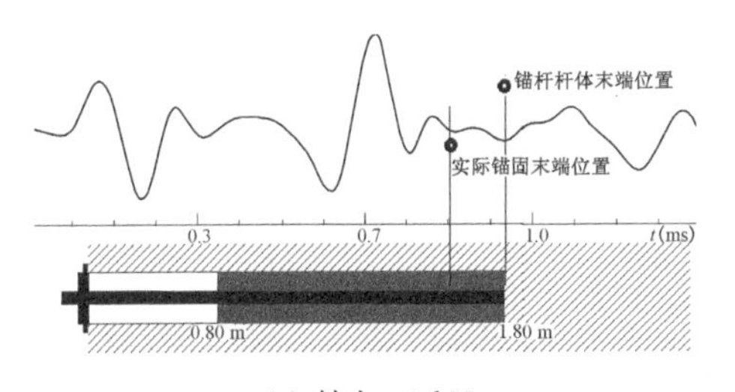

(a) 轴力=0 kN

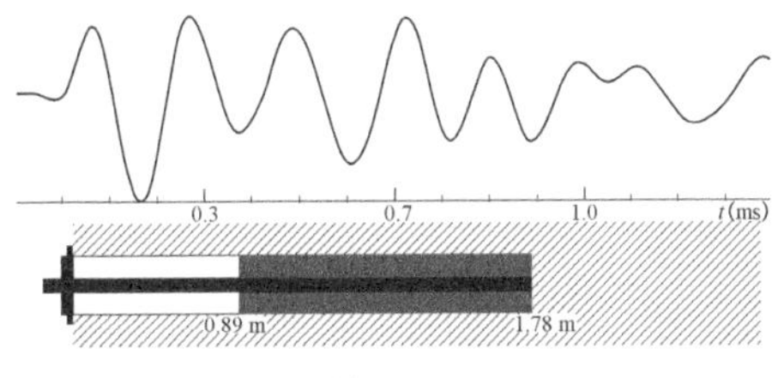

(b) 轴力=35 kN

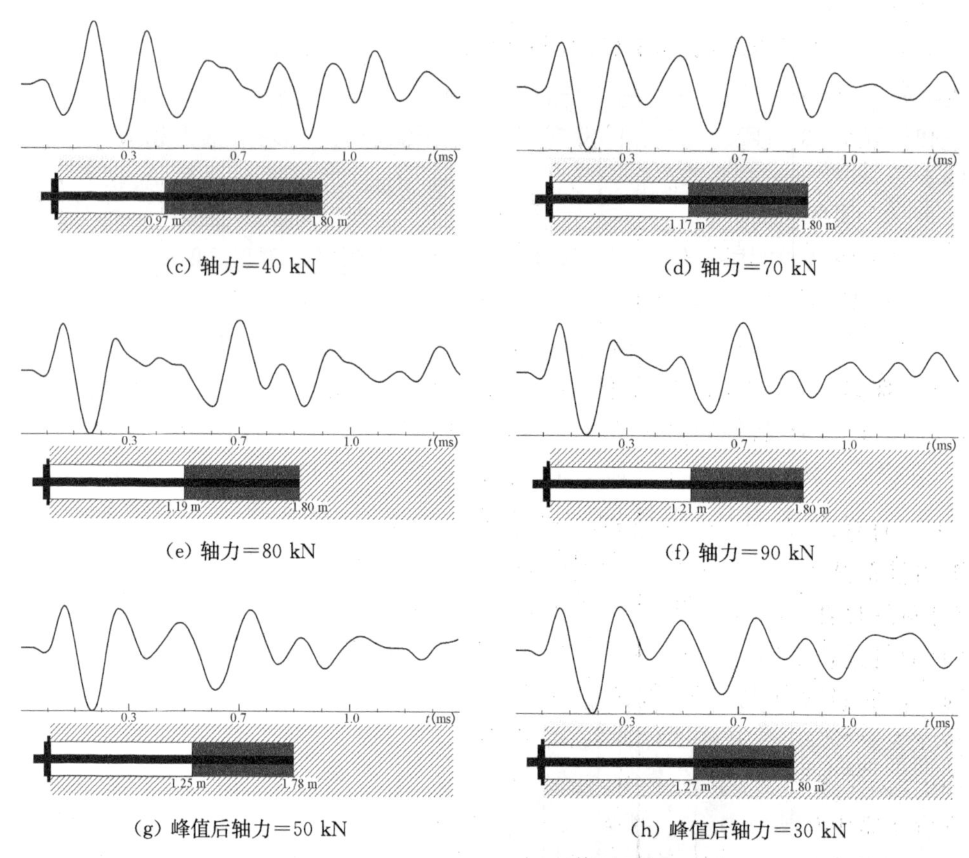

(c) 轴力=40 kN

(d) 轴力=70 kN

(e) 轴力=80 kN

(f) 轴力=90 kN

(g) 峰值后轴力=50 kN

(h) 峰值后轴力=30 kN

图 5-46 锚杆锚固结构锚固损伤动力检测波形

从图 5-45、图 5-46 可以看出，随着锚杆轴力的增加，有效锚固起始位置的反射波位置后移，说明锚固段的塑性变形与破坏随着轴力的增加而渐进式发展，锚固结构正向承载；但当锚杆拉拔力增加到 90 kN 后，树脂锚固段的锚固力降低，锚杆的轴力迅速降低，锚固结构负向承载并丧失承载力。从图 5-46 也可以看出，随着锚杆轴力的增加，锚固段的塑性变形与破坏速度非匀速，轴力在达到锚固结构极限承载力前缓慢变形与破坏，接近锚固结构极限承载力时加速破坏，最后失稳。

第六章　锚杆支护无损检测设备与数据处理

第一节　数据采集仪器

本设计力图结构简单、操作方便，以适应现场恶劣的工作环境。以 ARM7 微处理器为核心，辅以高精度运算放大器、低通滤波器、24 位 A/D 转换、256 级灰度触摸屏以及高灵敏度加速度传感器组成。设计研制的仪器如图 6-1 所示，其具体技术参数为：

图 6-1　锚杆支护无损检测仪器

●采样精度高：仪器数字采样 AD 精度为 24 位，采样率为 330 kHz(即 3 μs)，仪器计时精度可达到 8 mm；

●低功耗，连续工作时间长：仪器供电电压最高只有 6 V，仪器功耗 0.8 W，电池充电一次可以使用 30 h；

●安全可靠：整机采用低电压工作，为本质安全型，易于达到煤矿应用要求；

●大存储量：可存储 2.4 万条实测数据；

●对比性好：大屏幕显示，可同时显示三条曲线；

●便携性好：整机尺寸为 230 mm×180 mm×65 mm，重 2.0 kg，可单人工作；

●界面美观友好：仪器工作是全智能化，中文界面，可中英文输入；

●分析软件功能强大：能智能建立锚杆锚索锚固模型及各种分析参数数据，有各种辅助分析功能，如滤波、积分、微分、频谱等功能。

一、ARM7 微处理器

ARM[92]是 Advanced RISC Machines 的缩写，是微处理器行业的一家知名企业，该企业设计了大量廉价、高性能、低功耗的 RISC 处理器、相关技术及软件。ARM 是精简指令集计算机(RISC)，其设计实现了外形非常小但是性能高的结构。ARM 处理器结构的简单使 ARM 的内核非常小，这样使器件的功耗也非常低。它集成了非常典型的 RISC 结构特性：

(1) 一个大而统一的寄存器文件；

(2) 装载/保存结构，数据处理的操作只针对寄存器的内容，而不直接对存储器进行操作；

(3) 简单的寻址模式，所有装载/保存的地址都只由寄存器内容和指令域决定；

(4) 统一和固定长度的指令域，简化了指令的译码。

此外，ARM 结构还提供：

(1) 每一条数据处理指令都对算术逻辑单元(ALU)和移位器控制，以实现对 ALU 和移位器的最大利用；

(2) 地址自动增加和自动减少的寻址模式实现了程序循环的优化；

(3) 多寄存器装载和存储指令实现了最大数据吞吐量；

(4) 所有指令的条件执行实现最快速的代码执行。

这些在基本 RISC 结构上增强的特性使 ARM 处理器在高性能、低代码规模、低功耗和小的硅片尺寸方面取得良好的平衡。

ARM7 系列微处理器支持 Linux、Symbian OS 和 Windows CE 等操作系统，本系统采用嵌入式 Linux 操作系统，也即 μCLinux 操作系统。μCLinux 是一个完全符合 GNU/GPL 公约的操作系统，完全开放代码。“μ”代表“微小”之意，字母“C”代表“控制器”，所以从字面上就可以看出其含义，即微控制领域中的 Linux 系统。

二、模拟放大电路

经由传感器或敏感元件转换后输出的信号一般电平较低；经电桥等电路变换后的信号亦难以直接用来显示、记录、控制或进行 A/D 转换。为此，测量电路中常设有模拟放大环节(一般为线性放大环节)。这一环节目前主要依靠由集成运算放大器的基本元件构成具有各种特性的放大器来完成。常用的放大器有仪器放大器、可编程增益放大器、隔离放大器三种。

在检测系统中，放大器的输入信号一般由传感器输出。传感器的输出信号不仅电平低，内阻高，还伴有较高的共模电压。因此，一般对放大器有如下一些要求：

(1) 输入阻抗应远大于信号源内阻。否则，放大器的负载效应会使所测电压造成偏差。特别地，在压电、光电等具有较高内阻的传感器，及内阻为非定值的测量场合下，更易产生误差。

(2) 抗共模电压干扰能力强。共模电压的来源有：传感器输出本身带有的（如电桥的输出电压，霍尔元件的输出电压等）和传感器受到的共模干扰（如传感器的接地点和放大器的接地点的不等电位，或由于条件限制传感器和放大器之间距离较远而引入的电器干扰等）。为了得到较强的抗共模干扰能力，除所选用的运算放大器要有高的共模抑制比（CMRR）以外，在设计各种放大器的电路上应采取专门的措施。

(3) 在预定的频带宽度内有稳定准确的增益、良好的线性，输入漂移和噪声应足够小以保证要求的信噪比，从而保证放大器输出性能稳定。

(4) 能附加一些适应特定要求的电路。如放大器增益的外接电阻调整（此时放大器的其他特性不随增益的调整而改变）、方便准确的量程切换、极性自动变换等。

在锚杆无损检测中，被检测锚杆的长度、锚固长度、黏结特性及预应力等都有很大差异，即使采用相同的激振力，锚杆杆端加速度响应值也相差很大，因此需要采集仪器量程可调。可编程增益放大器能自动改变放大器的增益，使信号通过放大器后，具有合适的动态范围，即实现自动量程切换，以便于 A/D 转换或信号调理，故在本检测仪器设计中采用可编程增益放大器对采集信号进行模拟放大。

三、抗混滤波器

经传感器转换和放大器放大的电信号，由于测试环境的电磁干扰、传感器和放大器自身的影响，往往混有多种频率成分的噪声信号。严重时，这种噪声信号会淹没待提取的输入信号，使测试系统无法获取被测信号。在这种情况下，需要采取滤波措施，抑制不需要的杂散信号，使系统的信噪比增加。根据噪声信号频率的高低，滤波器接通频带又可分为低通、高通、带通、带阻和全通共五类滤波器。

如果对模拟信号进行离散采样，通过软件算法对采样信号进行平滑加工，增强有效信号，消除或减少噪声，从而达到滤波的目的，这种滤波方法称为数字滤波方法，也称为数字滤波器。如果采用模拟电路对模拟信号进行滤波，则称这一电路为模拟滤波器。模拟滤波器的种类很多，按是否使用有源器件（放大器）可分为有源滤波器和无源滤波器两大类。

无源滤波器是指无源器件，即由电感 L、电容 C 和电阻 R 组成的滤波电路。通常采用 LC 谐振电路或 RC 网络作为滤波器件。LC 谐振滤波电路，其能量形式表现为每半周期中静电能量与磁场能量相互转换，作为虚功率积蓄存在，损失小，因此 Q 值较高，选择性好。但在低频场合需要的 LC 值很大，大电感不仅体积大而且价格高，不适合在低频滤波器中使用。而 RC 网络尽管可以体积小且廉价，但上半周电容 C 中积蓄的能量到下半周就会被电阻消耗掉一半。因此，单纯的 RC 电路

的 Q 值不会大于 0.5,选择性差,效果不佳。

有源滤波器可利用有源器件不断补充由电阻 R 造成的损耗,因此等效能耗小,提高了电路的 Q 值,改善了选择性,并且还能实现无源滤波器无法做到的信号放大功能。有源滤波器电路 Q 值的提高不受电感 L 值的限制,因为有源滤波器一般不使用电感元件,输入与输出阻抗容易匹配。有源滤波器的缺点是:由于采用有源器件,需要电源,功耗较大;由于受有源器件有限频带宽度的限制,一般不能用于高频场合;受器件的参数偏差和漂移影响较大。总之,有源滤波器适用于 1MHz 以下的低频场合,如音频处理和工业控制领域。本检测系统采用有源滤波器作为抗混滤波器。

四、A/D 转换电路

在现实世界中,需要测量与控制各种各样的物理或化学现象及其变化过程,而且其中绝大多数都是连续变化的模拟量,如电流、电压、压力、温度、流量、位移、速度、加速度等都是自然科学与工程技术上经常遇到的物理参数,它们都是模拟量。所谓模拟量就是指表示其大小的数值是无限多个的集合,在数轴上的分布是连续不间断的。模拟量可以是连续时间函数,也可以是时间上离散而数值上连续的瞬时模拟信号,如我们平常所接触到的经过采样的各种物理量的瞬时值,就是瞬时模拟量。一般而言,模拟式仪器仪表与测试系统的精度和灵敏度较低,难以实现高速变化的物理参数或者变化过程的高速、高精度、多点巡回测试,其应用范围受到很大的限制。为了适应计算机处理,必须将模拟量转换成一定位数的数字量。完成这种转换任务的器件就是模拟/数字转换器,简称 A/D 转换器。这些 A/D 转换器是计算机感知外部信息的桥梁。

把连续时间信号转换为与其相对应的数字信号的过程称之为模数(A/D)转换过程,反之则称为数模(D/A)转换过程。A/D 转换过程包括了采样、量化、编码。

(1) 采样。又称为抽样,是利用采样脉冲序列 $p(t)$,从连续时间信号 $x(t)$ 中抽取一系列离散样值,使之成为采样信号 $x(n\Delta t)$ 的过程,$n=0,1,\cdots,1/\Delta t=f_s$ 称为采样频率。

在 A/D 转换当中,有两种基本的数字化采样方式:实时采样与等效时间采样。对于实时采样,当数字化一开始,信号波形的第一个采样点就被采入并数字化,然后经过一个采样间隔,再采入第二个样本。这样一直将整个信号波形数字化后存入波形存储器。实时采样的主要优点在于信号波形一到就采入,因此适用于任何形式的信号波形,重复的或不重复的,单次的或连续的。又由于所有采样点是以时间为顺序,因而易于实现波形显示功能。

等效时间采样技术可以实现很高的数字化转换速率。然而,这种技术要求信号波形是可以重复产生的。由于波形可以重复取得,故采样可以用较慢速度进行。采集的样本可以把许多采集的样本合成一个采样密度较高的波形。一般也常将等效时间采样称为变换采样。

(2) 量化。又称幅值量化，把采样信号 $x(n\Delta t)$ 经过舍入或截尾的方法变为只有有限个有效数字的数，这一过程称为量化。

在量化过程中，量化的数值是依据量化电平来确定的。量化电平定义为 A/D 转换器的满量程电压(或称满度信号值) V_{FSR} 与 2 的 N 次幂的比值，其中 N 为数字信号 X_d 的二进制位数。

(3) 编码。将离散幅值经过量化以后变为二进制数字，即

$$A = RD = R\sum_{i=-k}^{m} a_i 2^i \tag{6-1}$$

式中，a_i 取"0"或"1"。

在锚杆无损检测中，被检测锚杆的锚固长度、黏结特性、围岩物理力学性质及预应力等都有很大差异，相同幅值的入射波经托板、围岩、锚固体，最后返回杆端的反射波幅值也相差很大，表示 A/D 转换器的满量程电压也较大，为能使采集仪具有更好的精度和满足转换速度的要求，选择 24 位 A/D 转换器。

五、波形显示与软键盘

液晶显示屏按点像素可分为单色屏、4 级灰度屏、8 级灰度屏、16 级灰度屏、64 级灰度屏、256 级灰度屏、16 色屏、256 色伪彩色屏、TFT 真彩色屏等。从本质安全型及环境因素影响考虑，本仪器采用 256 级灰度屏。

为了便于操作，提高人机交互的友好性，常常在显示屏上粘上一层透明的薄膜体层，用于检测屏幕触摸输入信号，形成触摸屏。仪器内设置软键盘，可中英文输入。

第二节　数据处理技术与分析软件

一、数字滤波技术

数字滤波实质上是一个对数字序列进行运算处理的过程，它的输入是一个数字序列，输出是另一个数字序列。所以数字滤波器的设计实际上就是确定滤波器的传递函数，使之满足预定的性能指标。数字滤波器分为非递归结构的 FIR(有限脉冲响应)滤波器和递归结构的 IIR(无限脉冲响应)滤波器两种。FIR 非递归滤波器的系统函数为

$$H(z) = \sum_{k=0}^{N} a_k Z^{-k} \tag{6-2}$$

其脉冲响应函数为

$$h(n) = a_n, n = 0,1,2,\cdots,N$$

$h(n)$ 是一个有限长度的序列，故 FIR 滤波器又称为有限脉冲响应滤波器。

IIR 递归滤波器的系统函数为

$$H(z)=\frac{\sum_{n=0}^{N}a_nZ^{-n}}{1-\sum_{n=1}^{N}b_nZ^{-n}} \tag{6-3}$$

如果用长除法对上式进行展开，去掉公式中的分母部分，则可写为

$$H(z)=\sum_{n=0}^{\infty}c_nZ^{-n} \tag{6-4}$$

其脉冲响应函数为

$$h(n)=c_n,\quad n=0,1,2,\cdots,\infty$$

$h(n)$是一个无限长度的序列，故 IIR 滤波器又称为无限脉冲响应滤波器。

信号的滤波过程为输入信号 $x(t)$与滤波器脉冲响应 $h(n)$的卷积

$$y(x)=x(t)*h(n) \tag{6-5}$$

从性能上说，IIR 滤波器可以用较少的阶数获得很高的选择特性，这样一来，所用存储单元少，运算次数少，较为经济且效益高。但是这个高效率的代价是以相位的非线性得来的。FIR 滤波器可以在幅度特性随意设计的同时，能保证精确、严格的线性相位特性。此外，FIR 滤波器的单位脉冲响应函数 $h(n)$是有限长序列，它的 Z 变换在整个有限 Z 平面上收敛，因此 FIR 滤波器肯定是稳定滤波器。同时，FIR 滤波器也没有因果性困难，因为任何一个非因果的有限长序列，只要通过一定的延时，总是可以转变为因果序列，因此总可以用一个因果系统来实现。FIR 滤波器采用非递归型结构，不论在理论上还是在实际的有限精度运算中都不存在稳定性问题，运算误差也较小，同时采用快速傅立叶变换算法，在相同阶数的条件下，运算速度可以快得多。综合考虑上述情况以及 MATLAB 这一强有力的计算工具，在本软件设计中采用窗函数法设计 FIR 滤波器。

FIR 滤波器的设计问题，就是要使所设计的 FIR 滤波器的频率响应 $H(e^{j\omega})$ 去逼近所要求的理想滤波器的频率响应 $H_d(e^{j\omega})$。从单位抽样响应序列来看，就是使所设计滤波器的 $h(n)$逼近理想单位抽样响应 $h_d(n)$。$H_d(e^{j\omega})$ 与 $h_d(n)$ 有如下关系[93]：

$$\begin{cases}H_d(e^{j\omega})=\sum_{n=-\infty}^{\infty}h_d(n)e^{-j\omega n}\\ h_d(n)=\frac{1}{2\pi}\int_{-\pi}^{\pi}H_d(e^{j\omega})e^{j\omega n}d\omega\end{cases} \tag{6-6}$$

一般来说，理想的选频滤波器的 $H_d(e^{j\omega})$ 是逐段恒定的，且在频带边界处有不连续点，因此序列 $h_d(n)$ 是无限长的，这时不能用(6-6)中的傅立叶级数来设计滤波器。因为第一，滤波器的单位抽样响应 $h_d(n)$ 是无限长的，n 从$-\infty$～$+\infty$无法求和；第二是由于 $h_d(n)$ 从$-\infty$开始，所以是非因果的，且不能用有限的延时来实现它。而我们要求设计的是 FIR 滤波器，其 $h(n)$必定是有限长的，所以要用有限

长的 $h(n)$ 来逼近无限长的 $h_d(n)$，最简单且有效的方法是截断 $h_d(n)$ 如式(6-7)：

$$h(n)=\begin{cases}h_d(n) & 0\leqslant n\leqslant N\\ 0 & \text{其他}\end{cases} \tag{6-7}$$

通常，我们把 $h(n)$ 表示为所需单位抽样响应与一个有限长的窗口函数序列 $\omega(n)$ 的乘积，即

$$h(n)=h_d(n)\omega(n) \tag{6-8}$$

如果采用式(6-8)中的简单截取，则窗函数为矩形窗。表达式如下：

$$\omega(n)=R_N(n)=\begin{cases}1 & 0\leqslant n\leqslant N-1\\ 0 & \text{其他}\end{cases} \tag{6-9}$$

理想低通滤波器的单位抽样响应的加窗处理对频率响应将产生什么影响，这种逼近的质量如何？设 $W_R(e^{j\omega})$ 为矩形窗 $R_N(n)$ 的频谱，根据复卷积定理，两序列乘积的频谱为

$$H(e^{j\omega})=\frac{1}{2\pi}\int_{-\pi}^{\pi}H_d(e^{j\theta})W_R[e^{j(\omega-\theta)}]d\theta \tag{6-10}$$

因此，逼近质量的好坏完全取决于窗口函数的频谱特征。矩形窗函数 $R_N(n)$ 的频谱为

$$W_R(e^{j\omega})=\frac{\sin\left(\frac{\omega N}{2}\right)}{\sin\frac{\omega}{2}}e^{-j\omega\left(\frac{N-1}{2}\right)}=W_R(\omega)e^{-j\omega\alpha} \tag{6-11}$$

其中，$e^{-j\omega\alpha}$ 是其线性部分，$\alpha=(N-1)/2$，$W_R(\omega)=\sin\left(\frac{\omega N}{2}\right)/\sin\frac{\omega}{2}$ 是其幅度函数，它在 $\omega=\pm 2\pi/N$ 之内有一主瓣，然后由两侧呈衰减振荡展开，形成许多副瓣。理想频率响应也可写成

$$H_d(e^{j\omega})=H_d(\omega)e^{-j\omega\alpha} \tag{6-12}$$

其幅度函数 $H_d(\omega)=\begin{cases}1 & |\omega|\leqslant\omega_c\\ 0 & \omega_c<|\omega|\leqslant\pi\end{cases}$

将式(6-12)和式(6-11)的结果代入式(6-10)，则

$$\begin{aligned}H(e^{j\omega})&=\frac{1}{2\pi}\int_{-\pi}^{\pi}H_d(\theta)e^{-j\theta\alpha}W_R(\omega-\theta)e^{-j(\omega-\theta)\alpha}d\theta\\&=e^{-j\omega\alpha}\left[\frac{1}{2\pi}\int_{-\pi}^{\pi}H_d(\theta)W_R(\omega-\theta)d\theta\right]\end{aligned} \tag{6-13}$$

因此，实际上 FIR 滤波器幅度函数 $H(\omega)$ 为

$$H(\omega)=\frac{1}{2\pi}\int_{-\pi}^{\pi}H_d(\theta)W_R(\omega-\theta)d\theta=\frac{1}{2\pi}\int_{\omega-\omega_c}^{\omega+\omega_c}W_R(\lambda)d\lambda=\frac{1}{2\pi}\int_{\omega-\omega_c}^{\omega+\omega_c}\frac{\sin\left(\frac{N\lambda}{2}\right)}{\sin\left(\frac{\lambda}{2}\right)}d\lambda \tag{6-14}$$

则加矩形窗后的低通滤波器频谱如图 6-2：

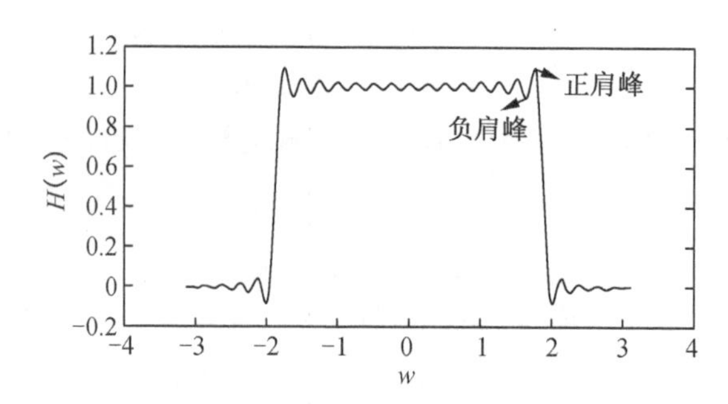

图 6-2　矩形窗频谱曲线

可见对实际滤波器频响 $H(\omega)$起影响的部分是窗函数的幅度函数。

加窗处理对理想特性产生以下三个影响[93]：

(1) 使理想频率特性不连续边沿加宽，形成一个过渡带，过渡带的宽度等于 $W_R(\theta)$ 的主瓣宽度 $\Delta\omega = 4\pi/N$。

(2) 在截止频率 ω_c的两旁 $\omega=\omega_c \pm 2\pi/N$ 的地方(即过渡带两旁)，$H(\omega)$出现最大的肩峰值。最大肩峰值的两侧，形成长长的余振，它们取决于窗口频谱的副瓣，副瓣越多，余振也越多，副瓣相对值越大，则肩峰越强。

(3) 增加截取长度 N，则窗函数主瓣附近的频谱结构为

$$W_R(\omega) = \frac{\sin\left(\dfrac{\omega N}{2}\right)}{\sin\dfrac{\omega}{2}} \approx \frac{\sin\left(\dfrac{\omega N}{2}\right)}{\dfrac{\omega}{2}} = N\frac{\sin x}{x} \tag{6-15}$$

其中，$x=\omega N/2$，可见，改变长度 N，只能改变窗口频谱的主瓣宽度和改变 ω 的坐标比例与 $W_R(\omega)$ 的绝对值大小，而不能改变主瓣与副瓣的相对比例(但 N 太小时则会影响副瓣相对值)，这个相对比例是由 $\dfrac{\sin x}{x}$ 决定的，或者说只决定于窗口函数的形状。因此增加截取长度 N 只能相应地减小过渡带宽度，而不能改变肩峰值。肩峰值大小直接决定着通带的平稳和阻带的衰减，对滤波器的性能影响很大。

滤波器设计一般希望满足两项要求：

(1) 主瓣尽可能地窄，以获得较陡的过渡带。

(2) 最大的副瓣相对于主瓣尽可能地小，即能量集中在主瓣中。

这样，就可以减少肩峰和余振，提高阻带的衰减。这两项要求不可能同时达到最佳，常用的窗函数是在这两个因素之间取得适当的折中，往往需要增加主瓣宽度以换取副瓣的抑制。如果选用一个窗函数的目的是为了得到较陡的截止，就应选用主瓣较窄的窗函数，这样在通带中将产生一些振荡，在阻带中会出现显著的波纹。如果主要目的是为了得到平坦的幅度响应和较小的阻带波纹，这时选用的窗函数的副瓣电平就要较小，但所设计的 FIR 滤波器的截止锐度就不会很大。

下面对三角形窗、汉宁窗、海明窗、布莱克曼窗的频谱结构进行分析。

对于三角形窗，其窗函数为

$$\omega(n)=\begin{cases}\dfrac{2n}{N-1} & 0\leqslant n\leqslant \dfrac{N-1}{2}\\ 2-\dfrac{2n}{N-1} & \dfrac{N-1}{2}\leqslant n\leqslant N-1\end{cases} \tag{6-16}$$

$\omega(n)$的傅立叶变换为

$$W(\mathrm{e}^{j\omega})=\frac{2}{N-1}\left\{\frac{\sin[(N-1)\omega/4]}{\sin(\omega/2)}\right\}^2\mathrm{e}^{-j\left(\frac{N-1}{2}\right)\omega}\approx\frac{2}{N}\left(\frac{\sin(N\omega/4)}{\sin(\omega/2)}\right)^2\mathrm{e}^{-j\left(\frac{N-1}{2}\right)\omega} \tag{6-17}$$

近似结果在 $N\gg1$ 时成立。此时，主瓣宽度为 $8\pi/N$，比矩形窗主瓣宽度增加一倍，但旁瓣却小很多。$\omega_c=0.6$，$N=50$，ω 在$[-\pi,\pi]$之间取值时的三角形窗低通滤波器频谱曲线如图 6-3。

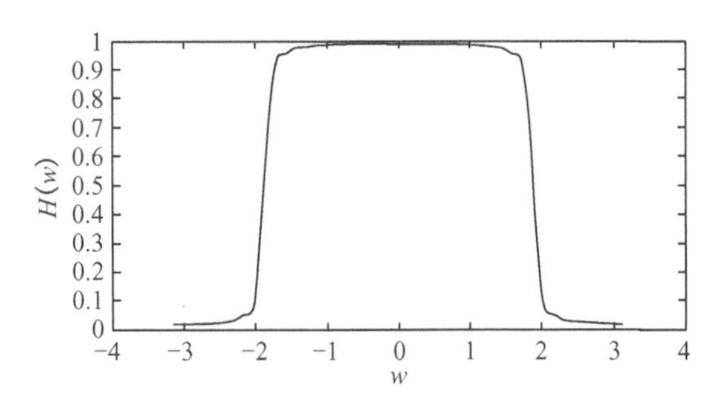

图 6-3　三角形窗频谱曲线

对于汉宁窗，又称升余弦窗，其窗函数为

$$\omega(n)=\sin^2\left(\frac{\pi n}{N-1}\right)R_N(n)=\frac{1}{2}\left[1-\cos\left(\frac{2\pi n}{N-1}\right)\right]R_N(n) \tag{6-18}$$

利用傅立叶变换特性，可得

$$\begin{aligned}W(\mathrm{e}^{j\omega})&=\left\{0.5W_R(\omega)+0.25\left[W_R\left(\omega-\frac{2\pi}{N-1}\right)+W_R\left(\omega+\frac{2\pi}{N-1}\right)\right]\right\}\mathrm{e}^{-j\left(\frac{N-1}{2}\right)\omega}\\&=W(\omega)\mathrm{e}^{-j\left(\frac{N-1}{2}\right)\omega}\end{aligned} \tag{6-19}$$

当 $N\gg1$ 时，$N-1\approx N$，所以频率响应的幅度函数为

$$W(\omega)\approx0.5W_R(\omega)+0.25\left[W_R\left(\omega-\frac{2\pi}{N}\right)+W_R\left(\omega+\frac{2\pi}{N}\right)\right]$$

$\omega_c=0.6$，$N=50$，ω 在$[-\pi,\pi]$之间取值时的汉宁窗低通滤波器频谱曲线如图 6-4。

对于海明窗，又称改进的升余弦窗，把升余弦窗加以改进，可以得到旁瓣更小的效果，其窗函数为

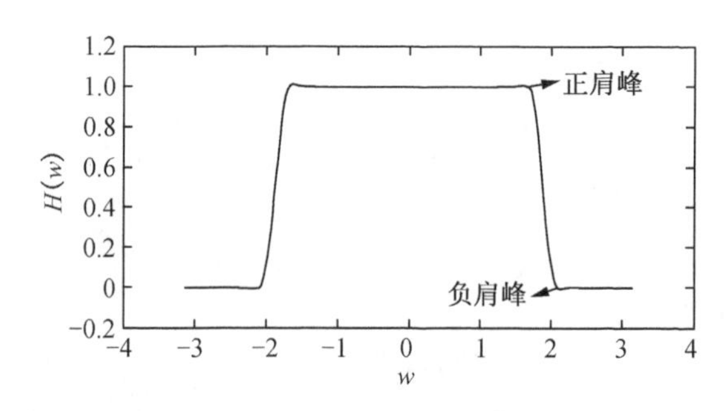

图 6-4 汉宁窗频谱曲线

$$\omega(n) = \left[0.54 - 0.46\cos\left(\frac{2\pi n}{N-1}\right)\right]R_N(n) \tag{6-20}$$

其频率响应的幅度函数为

$$\begin{aligned} W(\omega) &= 0.54W_R(\omega) + 0.23\left[W_R\left(\omega - \frac{2\pi}{N-1}\right) + W_R\left(\omega + \frac{2\pi}{N-1}\right)\right] \\ &\approx 0.54W_R(\omega) + 0.23\left[W_R\left(\omega - \frac{2\pi}{N}\right) + W_R\left(\omega + \frac{2\pi}{N}\right)\right] \end{aligned} \tag{6-21}$$

$\omega_c=0.6$，$N=50$，ω 在$[-\pi,\pi]$之间取值时的海明窗低通滤波器频谱曲线如图 6-5。

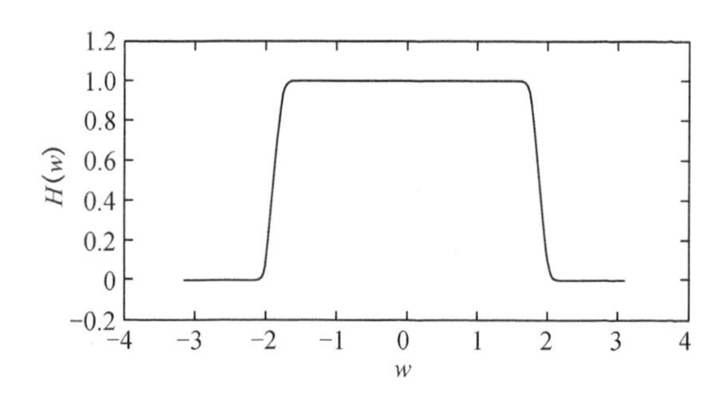

图 6-5 海明窗频谱曲线

为了进一步抑制旁瓣，对升余弦窗函数再加上二次谐波的余弦分量，变成布莱克曼窗，故又称二阶升余弦窗，其窗函数为

$$\omega(n) = \left[0.42 - 0.5\cos\left(\frac{2\pi n}{N-1}\right) + 0.08\cos\left(\frac{4\pi n}{N-1}\right)\right]R_N(n) \tag{6-22}$$

其频率响应的幅度函数为

$$W(\omega)=0.42W_R(\omega)+0.25\left[W_R\left(\omega-\frac{2\pi}{N-1}\right)+W_R\left(\omega+\frac{2\pi}{N-1}\right)\right]+$$
$$0.23\left[W_R\left(\omega-\frac{4\pi}{N}\right)+W_R\left(\omega+\frac{4\pi}{N-1}\right)\right] \tag{6-23}$$

$\omega_c=0.6$，$N=50$，ω 在$[-\pi,\pi]$之间取值时的布莱克曼窗低通滤波器频谱曲线如图 6-6。

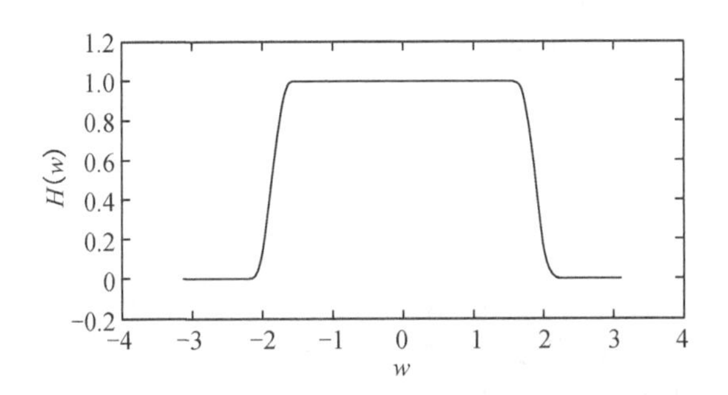

图 6-6　布莱克曼窗频谱曲线

另外，经计算，矩形窗、三角形窗、汉宁窗、海明窗、布莱克曼窗、凯塞窗（$\beta=7.865$）的旁瓣峰值幅度、过渡带宽、阻带最小衰减列表于表 6-1。

表 6-1　六种窗函数基本参数的比较

窗函数	旁瓣峰值幅度/dB	过渡带宽 $\Delta\omega$	阻带最小衰减/dB
矩形窗	−13	4π/N	−21
三角形窗	−25	8π/N	−25
汉宁窗	−31	8π/N	−44
海明窗	−41	8π/N	−53
布莱克曼窗	−57	12π/N	−74
凯塞窗（$\beta=7.865$）	−57	10π/N	−80

从图 6-2～图 6-6 可以看出，在相同阶数情况下，不同的窗函数，其肩峰值也不一样；从表 6-1 也可以看出，不同的窗函数，其旁瓣峰值幅度、过渡带宽、阻带最小衰减也都不一样。因此，在实际数据处理中，应通过选取不同的窗函数及阶数来获取所需的 FIR 滤波器。

二、频谱细化技术

FFT 谱是离散傅立叶变换的一种特殊情况，它大大提高了运算速度，但频率分辨率受到了一定的限制。通过细化 FFT 可在一定程度上提高频率分辨率，但必须以成倍地加长采样数据长度为前提,要细化两倍,采样数据长度也必须是原来的两倍;要细化四倍,采样数据长度必须是原来的四倍。采样数据长度恒定或对瞬态信号分析时,常规细化 FFT 就无能为力[76]。离散的傅立叶变换也有频率分辨力的限制,且运算速度较慢,所以目前国内外的信号处理设备都采用 FFT 进行频率分析,而不用一般的离散傅立叶变换。在不增加采样数据长度的前提下,将离散的傅立叶变换频域曲线,变成连续的曲线,理论上是可行的,它克服了频率分辨率的限制,但计算工作量大大增加。随着计算机技术日新月异的发展,计算机运算速度越来越快,利用连续的傅立叶变换频域曲线,对 FFT 谱的指定区域,特别是对一个 ΔT 间隔内,进行指定密度的细化,是完全可行的,且具有十分重大的工程意义[77]。用连续傅立叶变换计算 FFT 谱局部区间的频率细化计算方法,是一种以 FFT 变换为主,连续的傅立叶变换为辅,两者相结合的新计算方法,可以简称为 FFT-FT 新算法[78]。本方法可以在不增加采样长度的前提下,大大地增加频率分辨力,提高谱值和相位的计算精度。在现阶段微机速度大大提高的基础上,采用分段细化的方式,增加的计算时间是可以接受的。

对于采样频率为 SF,采样点数为 N 的时间序列 $x(t_k)$,其中

$$\begin{cases} t_k = k\Delta t = 0,1,2,3,\cdots,N-1 \\ \Delta t = 1/SF \end{cases}$$

离散的傅立叶级数为

$$a_n = \frac{2}{N}\sum_{k=0}^{N-1} x(t_k)\cos(2\pi kn/N) \tag{6-24}$$

$$b_n = \frac{2}{N}\sum_{k=0}^{N-1} x(t_k)\sin(2\pi kn/N) \tag{6-25}$$

$$a_0 = \frac{1}{N}\sum_{k=0}^{N-1} x(t_k)$$

$$n = 0,1,2,3,\cdots,N/2$$

$n\Delta f$ 处幅值谱矢量表达式为 $a_n - ib_n$。

FFT 谱是上述离散傅立叶变换的一种特殊情况,即 $N=2m$(m 为正整数)时的情况,在这种情况下,傅立叶变换可采用递推的快速算法。

以上变换,频率分辨率为 $\Delta f = SF/N$,和采样点数成反比,N 为一定时,频率分辨率无法再提高。

时间序列 $x(t_k)$ 中已含有从 0 至 $SF/2$ 的频域信息,所以如果用连续的傅立叶变换 FFT 对谱进行计算,把频谱曲线看成是连续的,即把公式(6-24),(6-25)中的 n 看作是一个在区间 $0 \leqslant n \leqslant N/2$ 内的连续实数,公式(6-24),(6-25)变为

$$\begin{cases} a(f) = \frac{2}{N}\sum_{k=0}^{N-1} x(t_k)\cos(2\pi kf/SF) \\ b(f) = \frac{2}{N}\sum_{k=0}^{N-1} x(t_k)\sin(2\pi kf/SF) \end{cases} \quad (0 < f \ll SF/2) \tag{6-26}$$

其仍具有物理意义，这时频率分辨率已不受采样点数的限制，f 是一个连续的频率。

用改进的 DFT 算法计算全景谱速度较慢，故采用 FFT 法计算全景谱。在用 FFT 谱作出全景谱的前提下，对某些感兴趣的范围用改进的 DFT 算法，即用公式(6-26)进行细化，细化密度可以任意设定。在用改进的 DFT 算法进行计算时，细化范围可以从大到小，细化密度可以从低到高地逐级往下进行。

三、锚杆支护质量无损检测软件设计

Visual Basic 是在全世界范围内广泛使用的一种强大的编程语言，它为 Windows 应用程序的开发者提供了最迅速和便捷的方法。不论是 Windows 应用程序的专业开发人员还是初学者，Visual Basic 都为他们提供了一整套工具用来方便地开发应用程序[94]。Visual Basic 6.0 是基于 Windows 环境下的一种可视化、面向对象、采用事件驱动的编程工具，它具有高效、简单易学、功能强大及界面友好的特点，是设计界面的首选工具。但是，VB 6.0 的数据处理能力比较弱。

MATLAB 是在科学研究和工程应用中应用比较普遍的工程计算软件，它提供了强大的数值计算和图形功能，成为国际上科学与工程计算领域最为流行的软件工具之一[95]。但 MATLAB 是一种解释性语言，执行速度较慢，如果转化为 C/C++语言后，将具有更快的运行速度，这对于运算时间较长的复杂工程运算而言，很有实际价值。由 MathWorks 公司开发的 MATLAB 是一种很受广大工程技术人员青睐的数学工具软件，它提供了强大的矩阵处理和绘图功能，特别是当涉及矩阵和矢量形式的问题时，其优越性较 C 语言或 Fortran 语言显得尤为突出；但在创建图形用户界面方面它的功能较弱，这给用户开发界面友好的应用或演示系统带来不便。

在 MATLAB 与 VB 混合编程中需解决的关键问题是如何实现在 VB 中调用 MATLAB。由于 MATLAB 中只提供了 C 和 Fortran 语言使用的编程接口，无法在 VB 中直接对其调用，对于 VB 与 MATLAB 混合编程问题，共有五种不同的解决方法[96]：

(1) 利用 ActiveX 自动化

ActiveX 自动化是 ActiveX 的一个协议，它允许应用程序或组件控制另一个应用程序或组件的运行，它包括自动化服务器和自动化控制器。MATLAB 可以作为自动化服务器，可以由其他应用程序编程驱动。MATLAB 支持 COM 技术，它提供了一个自动化对象，其外部名称是 Matlab. Application，其他程序通过 COM 技术提供的函数得到自动化对象支持的接口指针，通过调用接口函数便可控制和使用自动化对象，利用这一特性，用户可以非常方便地在自己程序中使用 MATLAB，包括执行 MATLAB 命令，使用其功能丰富的工具箱(Toolbox)，向 MATLAB 输入数据，获取结果(数据，图形)。如采用 VB 6.0 作为自动化控制器，在 VB 里可以用 CreateObject("Matlab. Application")来创建一个 MATLAB 自动化对象，然后控制和使用自动化对象(MATLAB)，这样既能用 VB 编出漂亮的 Windows 程序,又能同时获得 MATLAB 数值计算、信号处理等方面的功能。

(2) 利用 DDE 技术

动态数据交换(Dynamic Data Exchange,简称 DDE)是一种开放的、与语言无关的、基于消息的协议,它是应用程序通过共享内存进行进程间通信的一种形式。服务器程序与客户程序之间的数据交换被称做为一个“会话”,其中客户程序是初始化链接和发送数据请求的应用程序,而服务器程序则是通过执行自身的命令或发送数据来响应客户程序的应用程序。DDE 协议将控制通信对象划分为服务名、主题名和项目名。每次 DDE 会话由服务名和主题名来唯一确定。客户应用程序可以通过 DDE 协议和服务器应用程序的一个或多个项目建立数据链路。

(3) 利用 MATLAB 提供的 MatrixVB 库

MatrixVB 是 MathWorks 公司针对 VB 提供的一个 MATLAB 库,可作为一个 COM 函数库被 VB 引用。该函数库采用与 MATLAB 函数语法和格式类似的功能来加强 VB 计算、数据处理和图形图像处理等功能,从而可避免重复性劳动,减少 VB 开发人员实现算法和图形图像处理的困难。MatrixVB 是一个独立的产品(可以从 www. mathworks. com 得到),其使用十分方便。MatrixVB 安装完成后,只需在 VB 工程中引用 Matrix 即可。

(4) 利用 MATCOM 工具将 MATLAB 函数转换为 VB 可调用的 DLL

MATCOM 是一个从 MATLAB 到 C++的编译器,它可以节省用户的运算时间和内存要求。MathTools 公司利用 MATCOM 技术编写了 Mideva 工具软件,它可以借用 C++编译器将 MATLAB 下的 M 文件转换为可被 VB 调用的 DLL 动态链接库。

(5) 利用 MATLAB 将 M 文件编译成独立的外部应用程序

MATLAB 产生的 M 文件不能直接在 VB 中调用,可利用 mcc 将 M 文件直接编译成·EXE 文件,然后 VB 在执行过程中可以使用 Shell 命令和 WaitForSingleObject、OpenProcess、CloseHandle 三个 API 函数调用·EXE 完成特定的计算或图形功能后,再继续其执行过程,从而实现 VB 与 MATLAB 的无缝混合编程。

以上五种方法对于 VB 与 MATLAB 的混合编程都不失为有效的方法。前两种方法需要 MATLAB 环境,比较适合 Client/Server 模式,其中第一种方法中 CreateObject (“Matlab. Application”)会自动打开 MATLAB 环境,而第二种方法需要自己在 VB 中用命令或者手动打开 MATLAB 环境。由于 MATLAB 环境需要占用较多的系统资源,并且打开 MATLAB 时间比较长,因此前两种方法执行效率不高。后三种方法不需要 MATLAB 环境,比前两种方法在执行效率上略高一筹。其中第三种方法需要引入 MatrixVB 库,虽然使用比较方便,但是其功能有限。

MATCOM 是 MathTools 公司推出的一种 MATLAB 编译开发软件平台,它是一个十分有用的 M 文件翻译器。它提供了 MATLAB 中 M 文件与其他高级语言的接口,使 M 文件可以编译为脱离 MATLAB 环境独立执行的可执行性程序,这样就提高了代码的复用率和执行速度。MATCOM 中以 COM 组件 Matrix.dll 的形式提供了 MatrixVB 计算引擎，其中包括了 600 多个函数，它们覆盖了工程计算和科学研究所涉及的大部分领域，从而扩展了 VB 的数学运算与图形展示功能，并使其能对矩阵进行直接操作。在 Matrix.dll 的支持下，VB 可以直接调用 M 文件转换成的动态链接库，实现它的各种功能，同时将调用返回值默认为矩阵[97,98]。

为了缩短开发时间，充分融合和发挥 VB 和 MATLAB 的各自优点，在锚杆支护质量无损检测分析软件设计中，采用了 Visual Basic 6.0 和 MATCOM 作为开发工具，充分利用了动态链接库(DLL)、Windows API 函数和矩阵函数库(MATCOM)。DLL 是一种基于 Windows 的程序模块，它是在运行时刻被装入和链接的。可以根据自己的需要灵活地创建动态链接库，这样可以增强应用程序与 Windows 基于底层的通信能力。分析软件的数据调入界面和分析界面如图 6-7、图 6-8 所示。

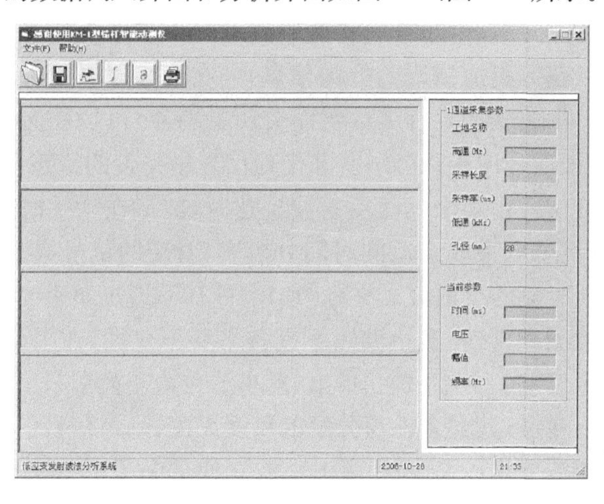

图 6-7　数据调入界面

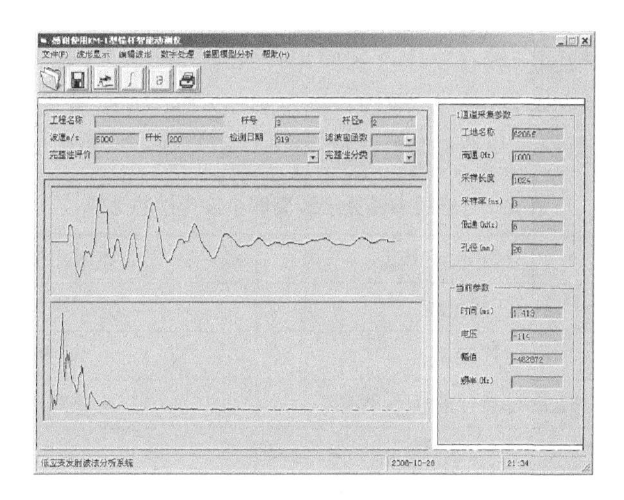

图 6-8　分析界面

第三节　连续复小波变换技术

一、概述

在信号分析的各种方法中，最主要的方法为Fourier分析。这种方法将信号分解为若干不同频率的正弦信号。Fourier分析是将复杂的时域信号转换到频域中，用频谱特性去分析和表现时域信号的特性，但Fourier分析不能分析局部时域信号的局部频谱特性，它没有时-频局部化功能。就时-频局部化而言，窗口Fourier变换（简记为WFT）在Fourier分析的基础上取得了本质的进步，若要实时地、精细程度更高地、自适应地分析信号，WFT也是无能为力的，小波分析恰能满足这些要求[99]。小波分析刻画了一种可变尺寸窗口技术。小波分析方法允许在低频段使用较大时间间隔以获得更加精确的低频信息，而在高频段时间轴上窗口尺寸变小以获得高频信息。小波变换具有多分辨率分析的特点，可以在时域和频域内表征信号的局部特征，很适合用于探测一些非平稳信号中夹带的瞬态奇性成分[100]。

当实测应力波信号中某个界面反射波到达时，波形在这一时刻会有异常频率成分出现，小波分析可以采取合适的时间分辨率，对新的信号成分进行“聚焦”，从而可准确识别不同时刻的反射波。文献[101]～[103]通过离散二进制小波变换进行桩基础完整性检测和判断，实小波因不具备平移不变性，在多尺度小波分解中，反射波位置会发生偏移。文献[104]指出，复小波在给变换带来一定冗余的同时却具有了近似平移不变性，其冗余性与分解的尺度无关，只与信号的维数有关。在小波变换中分连续小波变换（CWT）和离散小波变换（DWT），文献[105]给出了连续小波变换和离散小波变换的简单比较，如表6-2所示。从表6-2可以看出，两种小波变换各有其独自的应用领域，连续小波主要用于模式识别、特征提取以及检测等领域，因此在工程检测领域有着广泛的应用[106-109]。在锚杆无损检测中，由于各种外部和内部因素的影响，特征信号有时比较难以识别，为此，将连续复小波变换应用于锚杆无损检测，提高检测精度。

表6-2　连续小波变换和离散小波变换的比较

	连续小波变换	离散小波变换
尺度	任意尺度	二进尺度
平移	任意点	整数点
小波基	满足容许条件的任一小波	正交或双正交小波
计算量	大	小
应用	模式识别，特征提取，检测	数据压缩，去噪，特征描述

二、小波与连续小波变换

在小波分析中，尺度函数 Φ 与小波函数 ψ 是起着决定作用的两个函数，通过这两个函数所生成的函数族能对信号实现分解或者重构。但是另一方面，尺度函数与小波函数相互之间具有紧密的关系。因此，有时人们也称尺度函数为“父”小波或小波函数称之为“母”小波[104]。

小波(wavelet)是一种特殊的长度有限、平均值为 0 的波形，设为 $\psi(t)$，其满足条件 $\int_{-\infty}^{+\infty}\psi(t)\,\mathrm{d}t=0$。基小波 $\psi(t)$ 通过平移和伸缩产生函数族 $\psi_{a,b}(t)$：

$$\psi_{a,b}(t)=|a|^{-\frac{1}{2}}\psi\left(\frac{t-b}{a}\right),a,b\in\mathbf{R},a\neq 0 \tag{6-27}$$

式中，a 为伸缩因子(也称为尺度因子)，b 为平移因子，式(6-27)称为基小波 $\psi(t)$ 生成的连续小波。

对 $f\in L^2$，信号 f 的连续小波变换 $W_f(a,b)$ 定义[99,100]为：

$$W_f(a,b)=\langle f,\psi_{a,b}\rangle=|a|^{-\frac{1}{2}}\int_R f(t)\,\overline{\psi\left(\frac{t-b}{a}\right)}\mathrm{d}t \tag{6-28}$$

利用连续小波变换的结果可以重构出原信号，但这时其对基本小波有更高的要求，即基本小波 $\psi(t)$应满足“容许条件”(Admissible Condition)

$$C_\psi=\int_{-\infty}^{+\infty}\frac{|\hat{\psi}(\omega)|^2}{|\omega|}\mathrm{d}\omega<\infty \tag{6-29}$$

这时得到连续小波变换的重构公式为：

$$f(t)=\frac{1}{C_\psi}\int_{-\infty}^{+\infty}\int_{-\infty}^{+\infty}\frac{1}{a^2}WT_f(a,b)\psi\left(\frac{t-b}{a}\right)\mathrm{d}a\mathrm{d}b \tag{6-30}$$

一个必须的条件是 $\psi(0)=0$，即

$$\int_{-\infty}^{+\infty}\psi(t)\,\mathrm{d}t=0 \tag{6-31}$$

通过连续小波变换，获得的变换系数表示信号在尺度下的特征信息。而连续小波变换的反演，获得的是与原信号等长的时间序列。小波函数的性质、小波函数的伸缩和平移特性都决定了小波变换的特点[110]。固定尺度 a 的连续小波变换还可以理解为通过改变时间 b 对信号进行扫描，其结果是获得信号在这一时刻与小波函数的相似程度。

三、连续实小波变换与连续复小波变换对比

(1) 复小波的选择

在 MATLAB 小波工具箱中[111]，复小波有：复高斯小波、复 Morlet 小波、复频率 B 样条小波、复 Shannon 小波。从图 6-9 中可以看出，复小波的实部为偶对称，虚部为奇对称；复高斯小波、复 Morlet 小波的有效支撑空间(非零点范围)较窄，且复 Morlet 小波的中心频率 F_c 与带宽 F_b 的比值可调，故选择复 Morlet 小波为小波基函数。

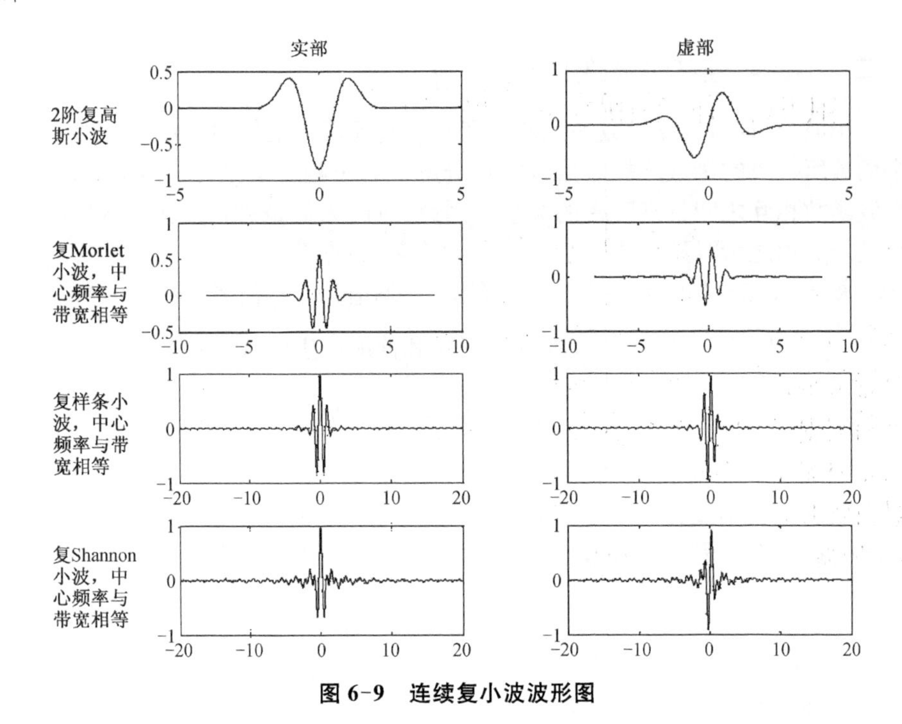

图 6-9　连续复小波波形图

(2) 复小波频率与带宽的确定

从图 6-10 中可以看出，复 Morlet 小波的中心频率 F_c 与带宽 F_b 的比值越大，对应的复小波的有效支撑空间越窄。中心频率 F_c 与带宽 F_b 的比值多大合适，要视实际情况而定，一般其比值应大于或等于 1.5。

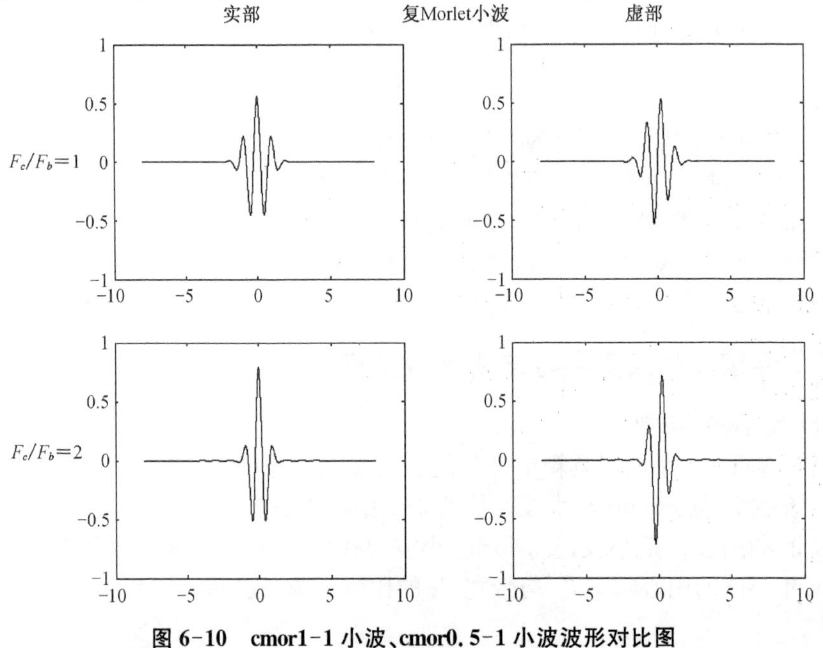

图 6-10　cmor1-1 小波、cmor0.5-1 小波波形对比图

(3) 实测波形小波变换对比

现以某一工程检测实测波形为例来分别进行连续实小波(gaus2)变换和连续复窄小波(cmor0.45-1)变换。实测波形如图 6-11 所示。

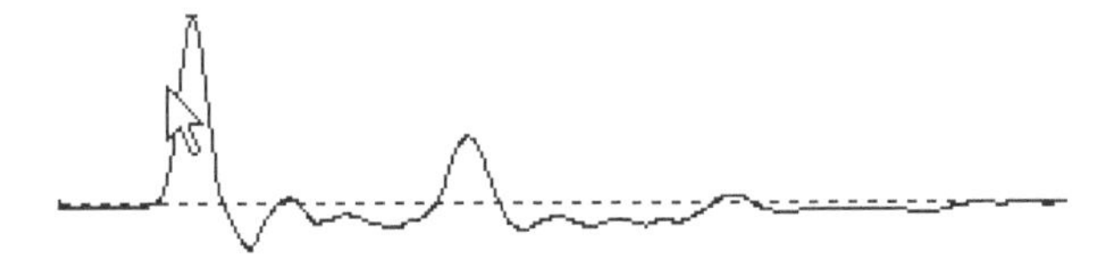

图 6-11　实测波形

其连续实小波变换模极大值线如图 6-12 所示,连续复窄小波变换模极大值线如图 6-13 所示。

从图 6-12、图 6-13 可以看出,连续实小波变换随着尺度的增加,其模极大值位置发生偏移;而连续复窄小波变换具有近似平移不变性,其模极大值位置不发生偏移。说明连续复小波变换在信号奇异性检测中具有得天独厚的优势。

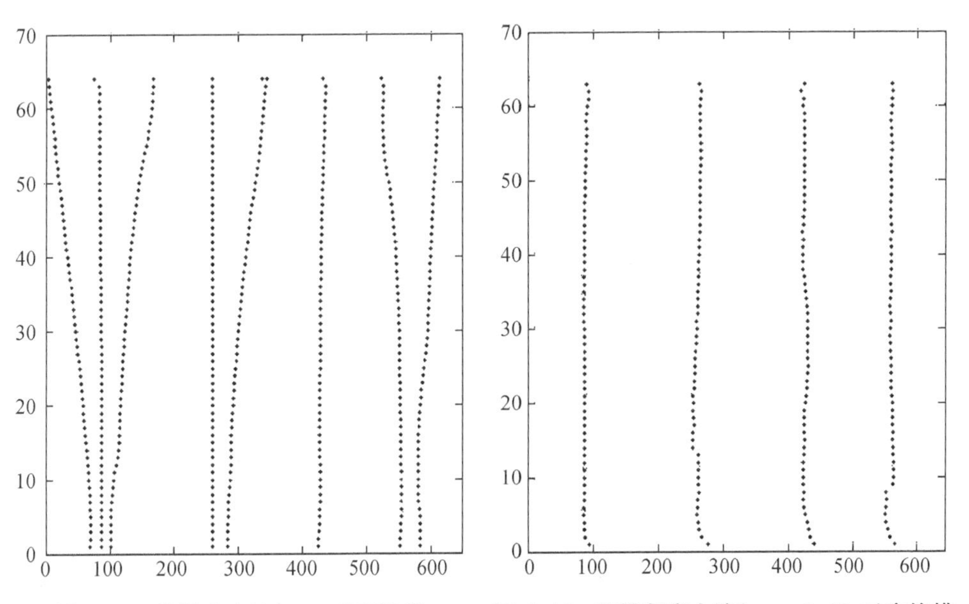

图 6-12　连续实小波(gaus 2)变换模极大值线图

图 6-13　连续复窄小波(cmor 0.45-1)变换模极大值线图

四、检测信号突变点的原理

(1) 信号突变点的特征

在锚杆检测中,当在锚杆端面施加脉冲力时,使锚杆产生弹性应力波并在锚杆中沿纵向传播,在波阻抗变化处将产生反射,反射波到达锚杆端面接收器时,接收信号会发生突变，检测这种突变点就可以估算锚杆长度、锚固位置。信号突变点的表现具有局部性。它可以分为两类：一类是关于突变中心点局部奇对称的突变点，另一类是关于突变中心点局部偶对称的突变点，若用一个局部奇对称或一个局部偶对称的信号分别与两类局部突变信号作卷积，并在突变中心点附近的局部范围内观察卷积结果，则有如下规律：

局部奇 * 局部奇＝局部偶，局部奇 * 局部偶＝局部奇，

局部偶 * 局部奇＝局部奇，局部偶 * 局部偶＝局部偶。

因此，关键是寻找合适的具有局部奇对称和局部偶对称的卷积函数。从图 6-10 中很容易发现，复数基小波的实部是偶对称的，而其虚部是奇对称的。基于此，将利用复小波为基函数来进行连续小波变换。

（2）模极大值线与信号奇异点的关系

信号突变点处的对称小波变换在各尺度层上都有符号一致的表现，而且模大值位置是整齐对应的[99]。在尺度 $a=a_0$ 下，如果存在一点 (a_0, t_0) 使得 $\frac{\partial wf(a_0, t_0)}{\partial t} = 0$，则该点称为小波变换模极值点。将模大值点沿尺度方向连接起来，就构成模极大值线。

信号在某点处的突变程度可由 Lipschitz 指数来具体度量。若小波 $\psi(t)$ 是连续可微，并具有 p 阶消失矩（$p \in \mathbf{Z}^{+}$），$f(t) \in L^2(R)$，设 a_0^N 表示小波变换的最大尺度，则函数 $f(t)$ 在 t_0 处具有 Lipschitz 指数 α，当且仅当存在常数 K，使得 $\forall t \in Bt_0$，其小波变换满足[112]

$$|Wf(a_0^n, t)| \leqslant K a_0^{n\alpha} \quad n = 1, 2, \cdots, N \tag{6-32}$$

则较粗尺度 a_0^1、a_0^2、a_0^3 上的模极大值符合下列三个等式：

$$\begin{cases} |Wf(a_0^1, t)| = K a_0^{\alpha} \\ |Wf(a_0^2, t)| = K a_0^{2\alpha} \\ |Wf(a_0^3, t)| = K a_0^{3\alpha} \end{cases} \tag{6-33}$$

由上面任意两式取对数消去 K，可求得 Lipschitz 指数 α。若 $\alpha < p$，模极大值点是奇异的，其模极大值线也是连续的。Mallat 在文献[113]中也已经证明：如果小波在更小的尺度上不存在局部模极大值，那么在该邻域不可能有奇异点。因此，由小波变换 $Wf(a,t)$ 的幅值（模值）极大值线就可以检测到信号 $f(t)$ 的突变点（奇点）。

五、应用分析

以复 Morlet 小波（cmor0.5-1）为基小波，对一现场实测锚杆检测数据进行多尺度（最大尺度数 64）连续小波变换，采用 MATLAB 6.5 绘制其局部模极大值线（Local Maximum Line）如图 6-14～图 6-19。

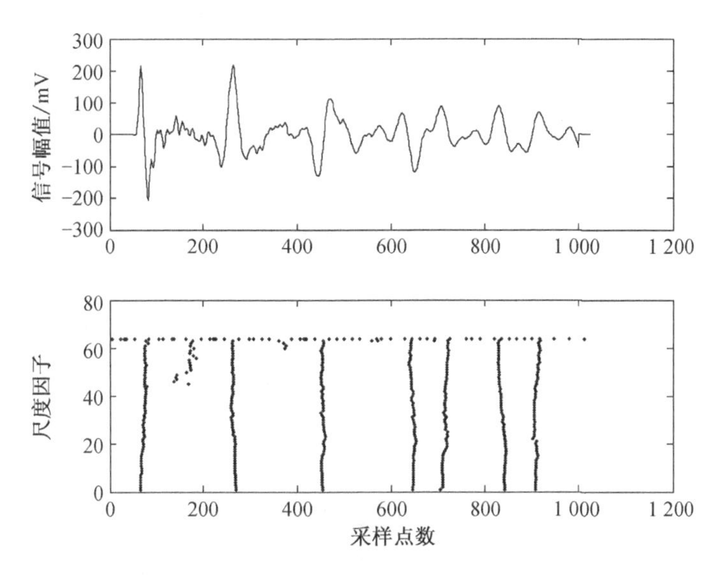

图 6-14　1# 锚杆原始波形及模极大值线图

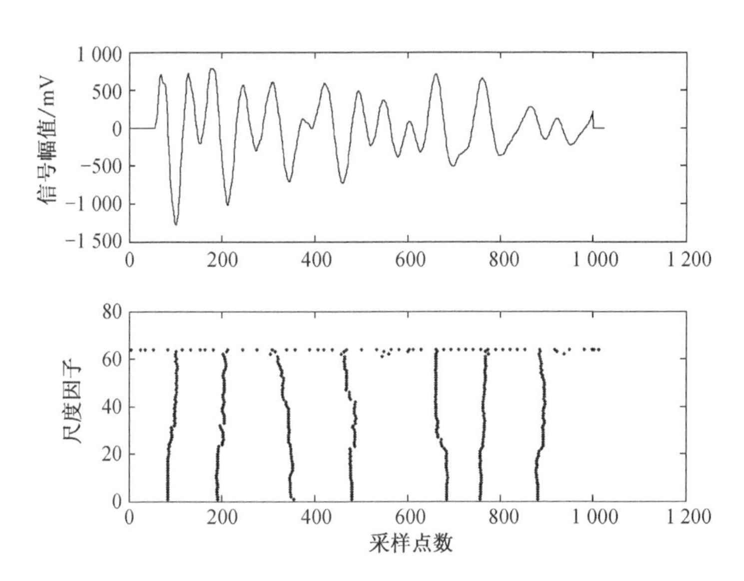

图 6-15　2# 锚杆原始波形及模极大值线图

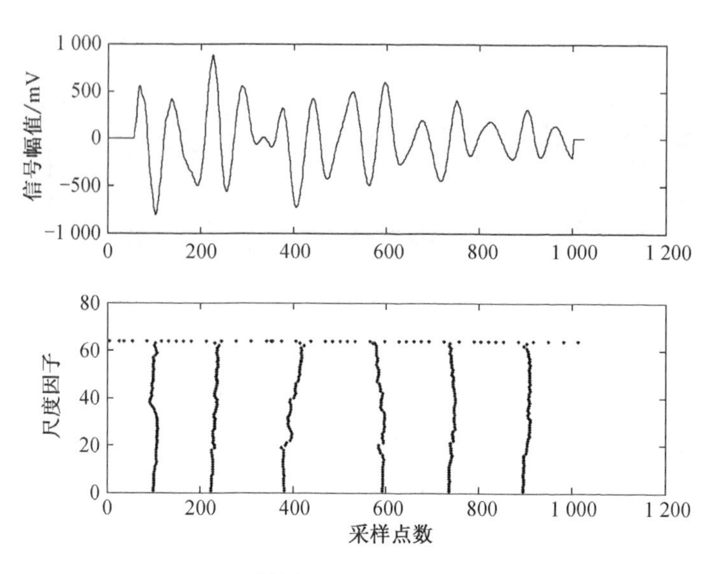

图 6-16 3# 锚杆原始波形及模极大值线图

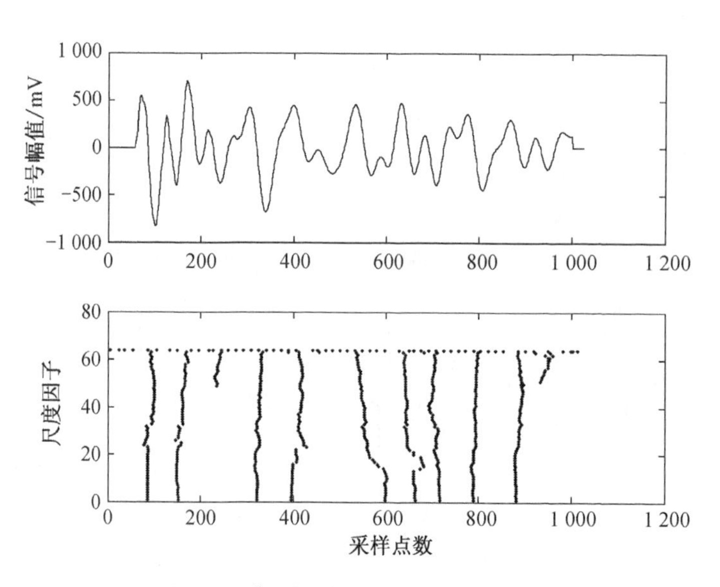

图 6-17 4# 锚杆原始波形及模极大值线图

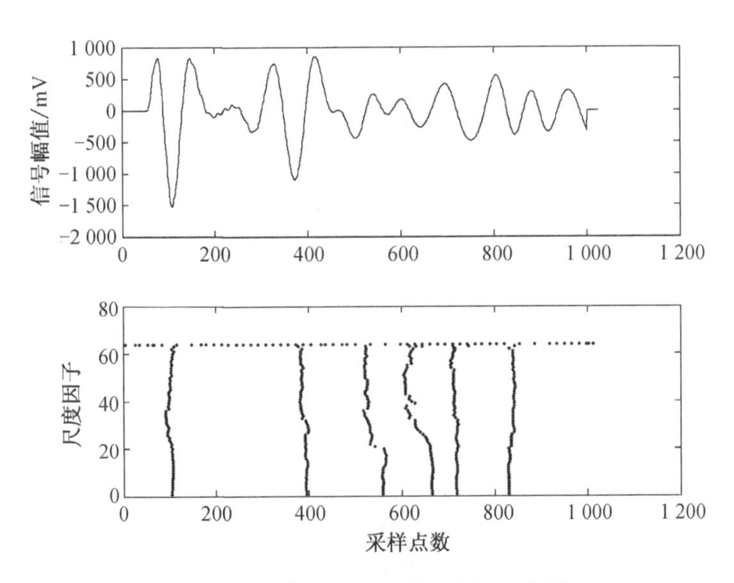

图 6-18　5# 锚杆原始波形及模极大值线图

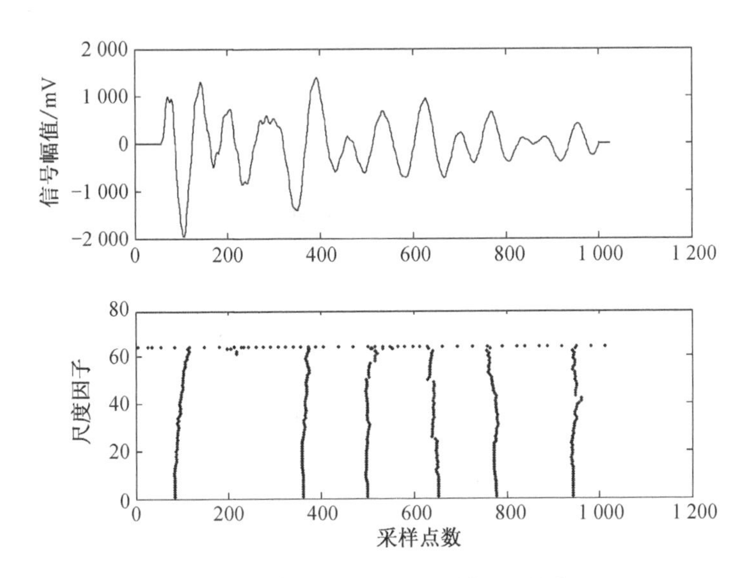

图 6-19　6# 锚杆原始波形及模极大值线图

从图 6-14～图 6-19 可以看出，由于连续复小波变换具有近似平移不变性，从而能够通过复小波变换来提取锚杆检测波形中的特征信号（突变点），突变点基本对应于锚固开始位置和锚固结束位置反射波，这对于判断锚固开始位置和锚固结束位置具有直接的指导意义。说明将连续复小波变换应用于锚杆无损检测数据处理是切实可行的。

第七章　锚杆锚固参数无损检测技术的应用

第一节　锚杆锚固参数检测方法

一、长度参数检测

为了实现对锚杆支护系统的锚固长度、锚固位置的无损动力测试，建立如图7-1所示的检测系统。其主要工作原理是用力锤敲击锚杆外露端正面，使锚杆产生一微小的纵向振动，由安装在传感器连接装置上的加速度传感器采集锚杆微振动加速度，并通过导线传输到锚杆无损检测仪上，锚杆无损检测仪将该加速度信号转换成数字信号并存储，最后通过分析软件分析计算锚杆长度、锚固长度、锚固位置，最后评价树脂锚杆的锚固效果。

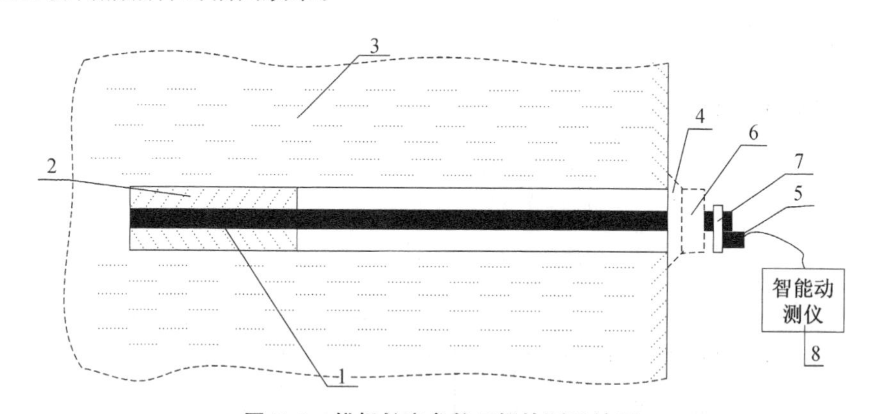

图7-1　锚杆长度参数无损检测系统图

1—锚杆；2—树脂；3—煤(岩)层；4—托盘；5—BZ105加速度传感器；
6—紧固螺母；7—传感器连接装置；8—JL-MG智能动测仪

(1) 数据采集

连接好测试系统后，打开电源开关，系统自动进入“参数设置、采集、分析”界面。选中参数设置进入“参数设置”界面，如图7-2所示。用上下箭头键输入工地名(测试数据子目录)、测试单位、测试人员、日期，设置高通滤波为10 Hz、低通滤波为8 000 Hz。点击“返回”重新进入“参数设置、采集、分析”界面。

选中“采集”进入“采集”界面，界面如图7-3所示。先选中“设置”进入“信号采集设置界面”，界面如图7-4所示。用上下箭头键输入锚杆号(测试数据文件名)、估计波速(一般设置为5 100 m/s)、锚杆长度、锚杆直径、采样间隔(1倍锚杆长度，取整，单位μs)，点击“返回”重新进入“信号采集”界面。然后，依次点击采样、力锤

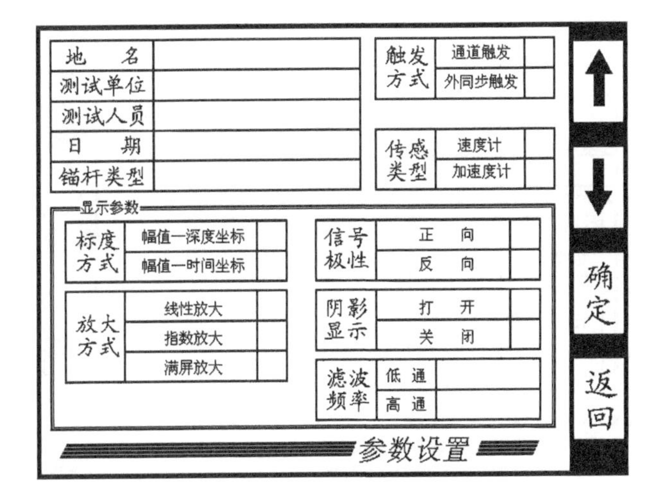

图 7-2　参数设置界面

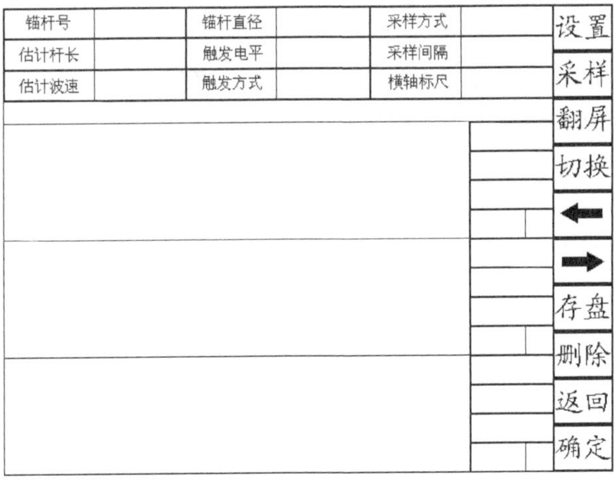

锚杆号		锚杆直径		采样方式	
估计杆长		触发电平		采样间隔	
估计波速		触发方式		横轴标尺	

设置　采样　翻屏　切换　←　→　存盘　删除　返回　确定

图 7-3　信号采集界面

激振，每根锚杆采集 4 条波形后存盘。待测锚杆检测完后，在计算机上通过仪器带的传输软件将仪器内的数据(以工地名命名的文件夹内所有数据)上传到计算机上一指定文件夹内。

(2) 树脂锚杆锚固效果评价

打开分析软件，调出任一锚杆波形，选择所测波形中两条相似波形中的任一条波形，分析预应力树脂锚杆的锚固位置、锚固长度，通过与实际的杆体长度比较，评价树脂锚杆的锚固效果。

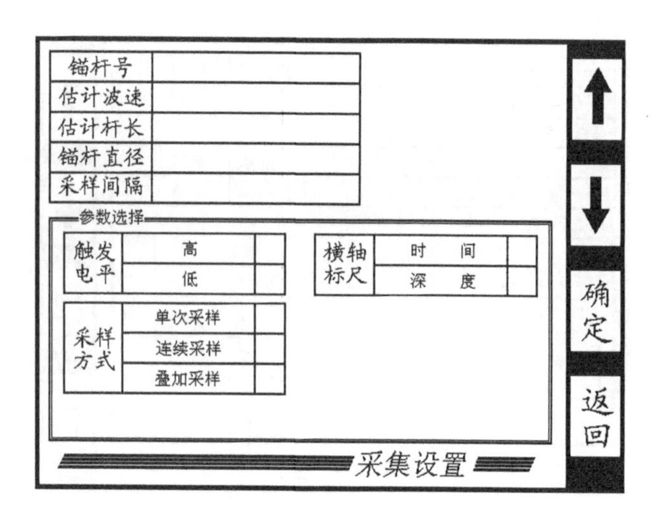

图 7-4 信号采集设置界面

二、轴向工作载荷检测

为了实现对锚杆支护系统的轴向工作载荷(预应力)进行无损动力检测,建立如图 7-5 所示的检测系统。其主要工作原理是用力锤敲击锚杆锁紧装置,使锚杆产生一微小的横向振动,由锁紧装置上加速度传感器采集锚杆微振动加速度信号,并通过导线传输到锚杆无损检测仪上,由锚杆无损检测仪将该加速度信号转换成数字信号并存储,最后通过分析软件分析计算锚杆的预应力或轴向工作载荷。

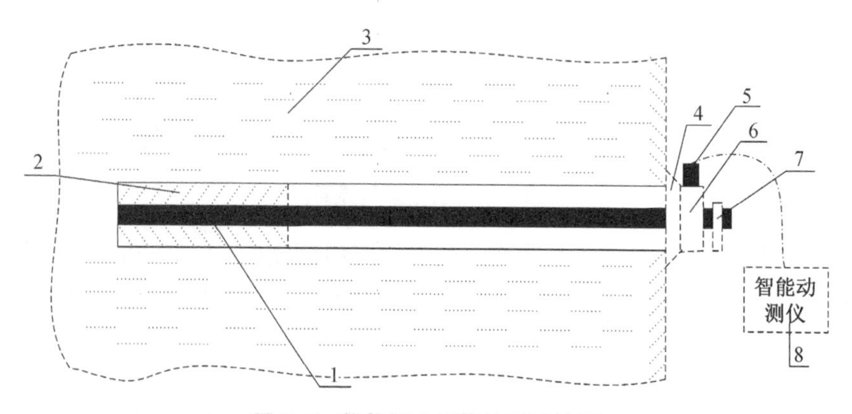

图 7-5 锚杆受力无损检测系统图

1—锚杆;2—树脂;3—煤(岩)层;4—托盘;5—BZ105 加速度传感器;
6—紧固螺母;7—激振锁紧装置;8—JL-MG 智能动测仪

(1) 数据采集

连接好测试系统后,打开电源开关,系统自动进入“参数设置、采集、分析”界面。选中参数设置进入“参数设置”界面，如图 7-2 所示。用上下箭头键输入工地名（测试数据子目录）、测试单位、测试人员、日期，设置高通滤波为 10 Hz、低通滤波为 2 000 Hz。点击“返回”重新进入“参数设置、采集、分析”界面。

选中“采集”进入“采集”界面，界面如图 7-3。先选中“设置”进入“信号采集设置界面”，界面如图 7-4 所示。用上下箭头键输入锚杆号（测试数据文件名）、估计波速（一般设置为 3 500 m/s）、锚杆长度、锚杆直径、采样间隔（50 倍锚杆长度，单位 μs），点击“返回”重新进入“信号采集”界面。然后，依次点击采样、力锤激振，每根锚杆采集 4 条波形后存盘。待测锚杆检测完后，在计算机上通过仪器带的传输软件将仪器内的数据（以工地名命名的文件夹内所有数据）上传到计算机上一指定文件夹内。

(2) 轴向工作载荷（预应力）的计算

打开分析软件，调出任一锚杆波形，选择所测波形中两条相似波形中的任一条波形，采用软件中的轴力计算模块分析计算锚杆的轴向工作载荷（或预应力）。

第二节　锚杆锚固参数的现场无损检测

锚杆锚固参数的现场无损检测主要是在校内防空洞、埪城矿、济三矿等地进行，检测过程中主要对预应力锚杆进行了无损检测。检测的配套设备如图 7-6 所示，长度参数检测的几个主要操作步骤是：安装加速度传感器（如图 7-7 所示）；连接数据采集仪器（如图 7-8 所示）；用力锤对锚杆正端面激振。锚杆工作载荷的无损检测采用加速度传感器侧面接收，力锤侧面激振。

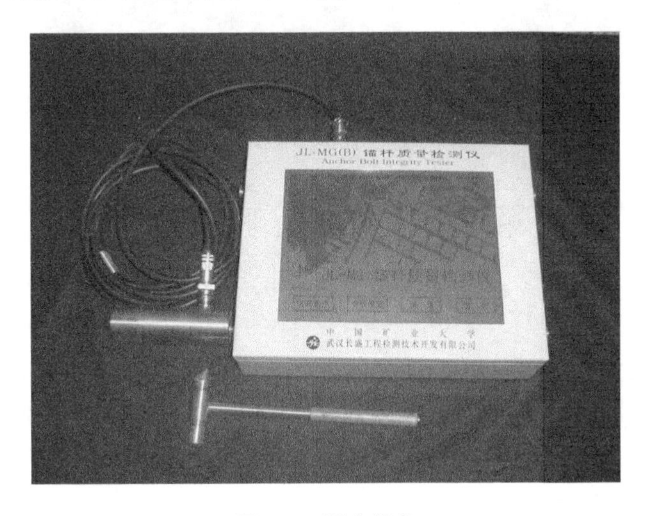

图 7-6　配套设备

图 7-7 安装加速度采集装置

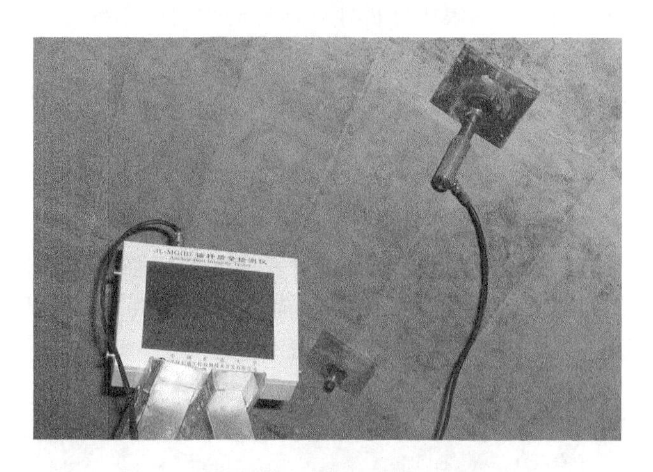

图 7-8 连接采集仪器

第三节 数据处理与分析

一、防空洞内锚杆检测数据及分析

为了检验运用该技术进行锚杆无损检测结果的可靠性，及其推广应用前景，我们在防空洞内施工了一批锚杆，施工前量测锚杆的长度和孔深，记录下每孔的树脂药卷卷数。施工完后对锚杆进行无损检测，部分动力检测信号如图 7-9～图 7-24，分析结果具体见表 7-1。

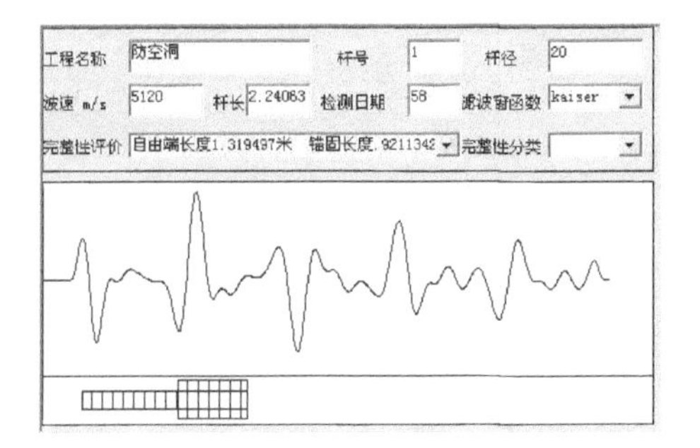

图 7-9　1# 锚杆

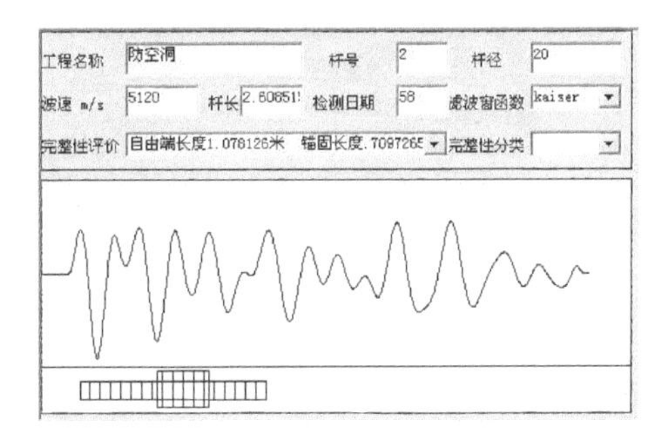

图 7-10　2# 锚杆

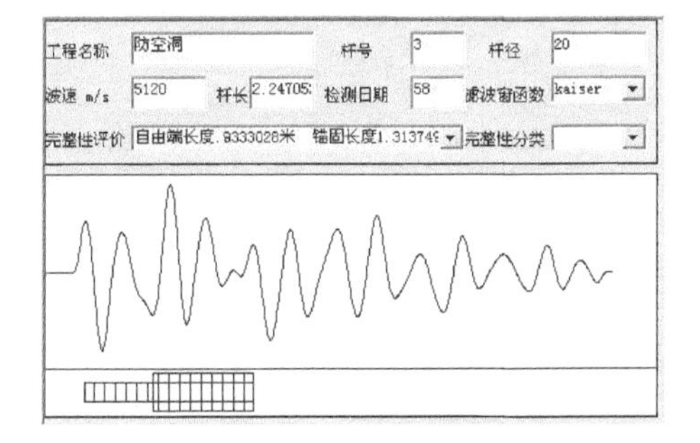

图 7-11　3# 锚杆

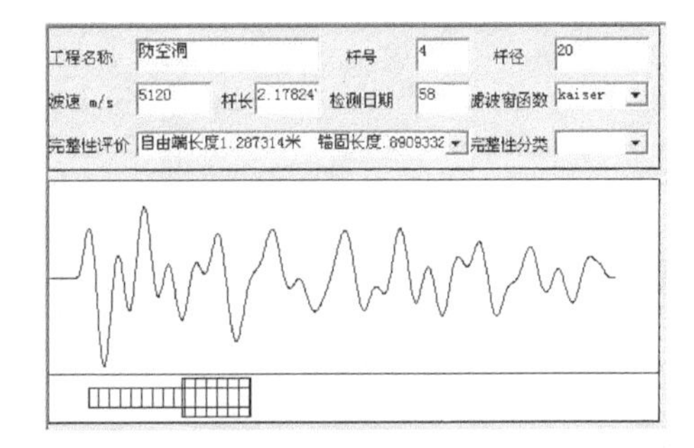

图 7-12　4# 锚杆

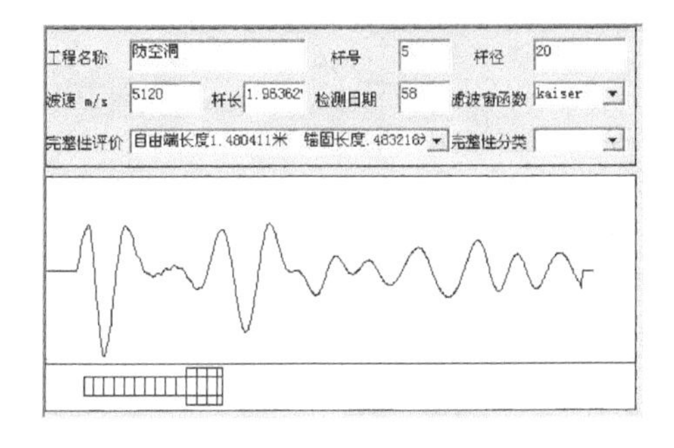

图 7-13　5# 锚杆

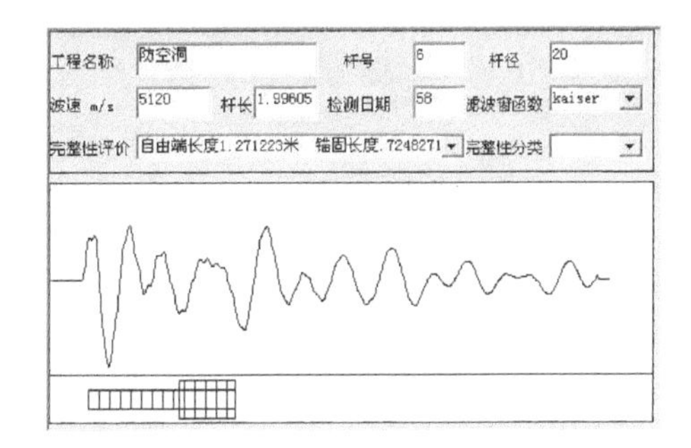

图 7-14　6# 锚杆

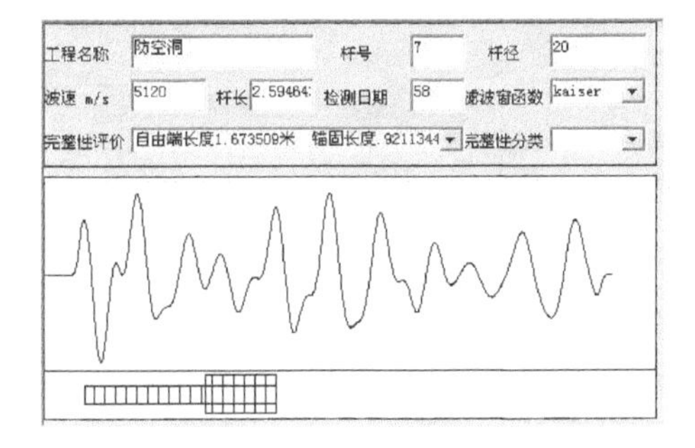

图 7-15　7# 锚杆

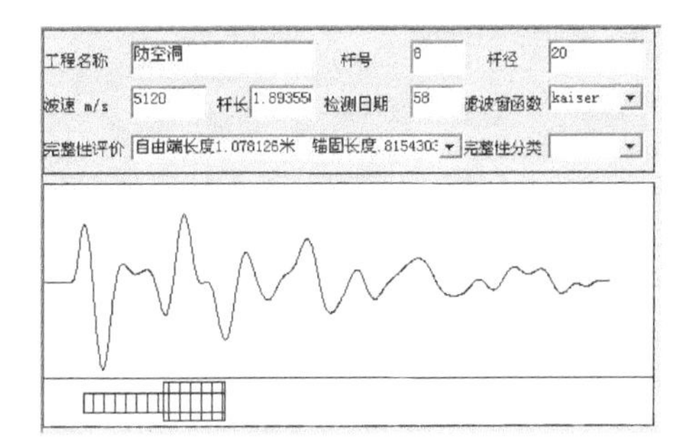

图 7-16　8# 锚杆

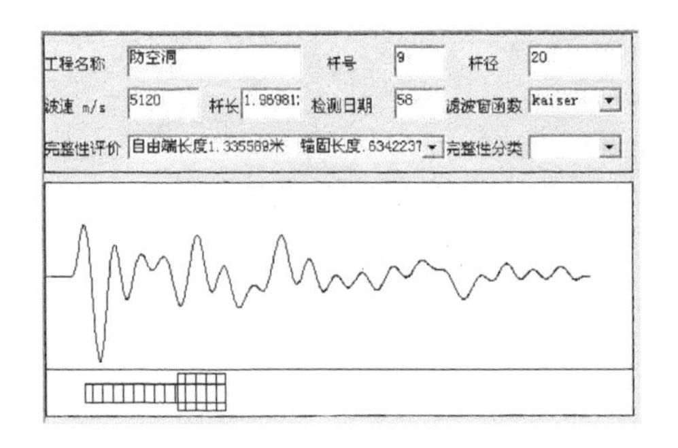

图 7-17 9# 锚杆

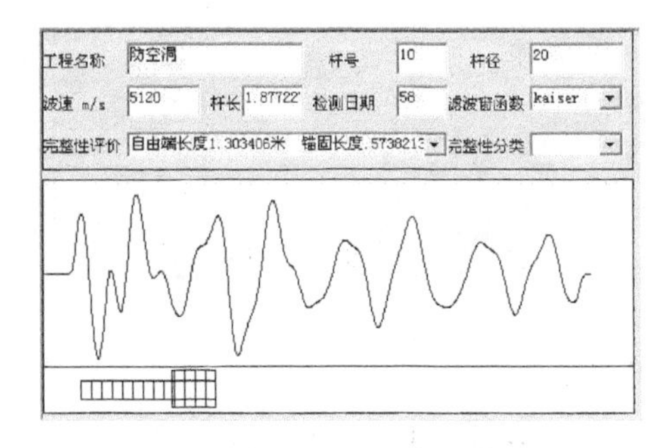

图 7-18 10# 锚杆

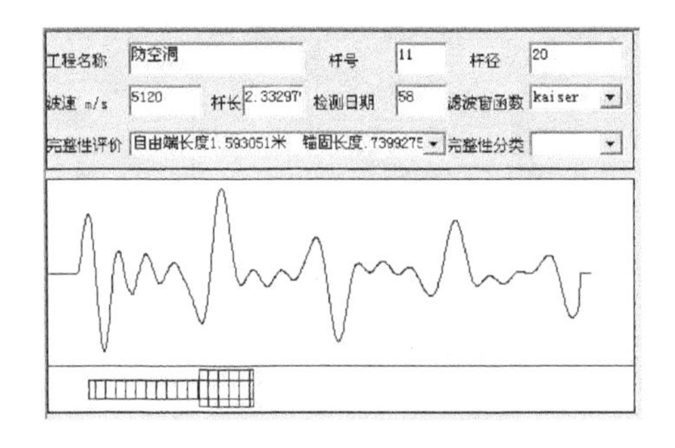

图 7-19 11# 锚杆

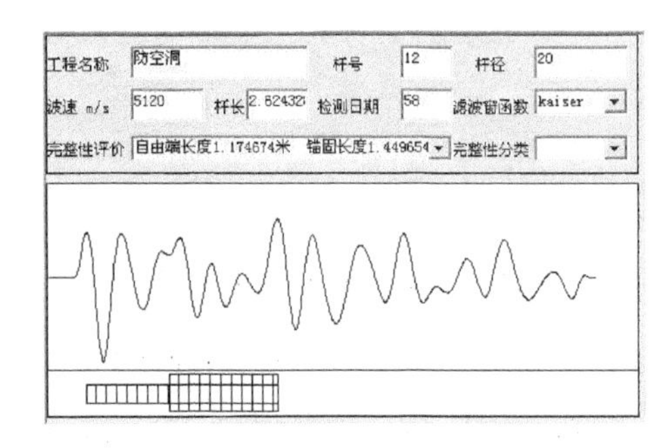

图 7-20 12# 锚杆

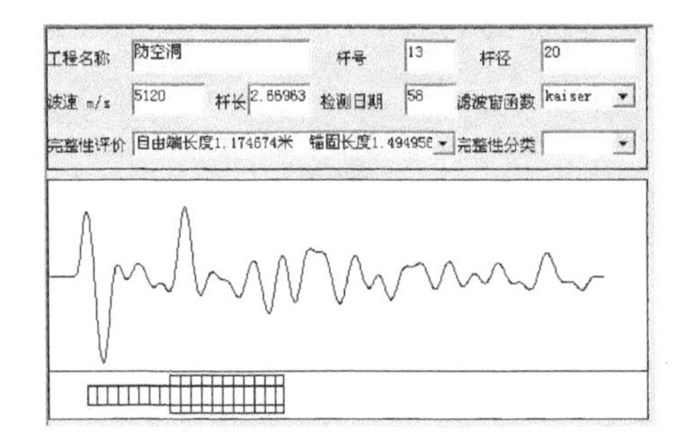

图 7-21 13# 锚杆

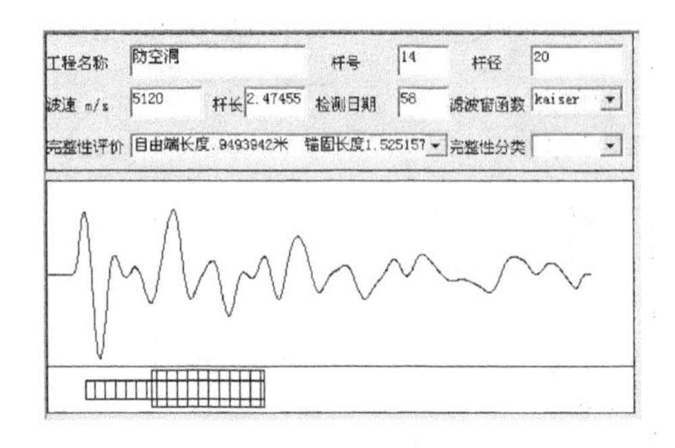

图 7-22 14# 锚杆

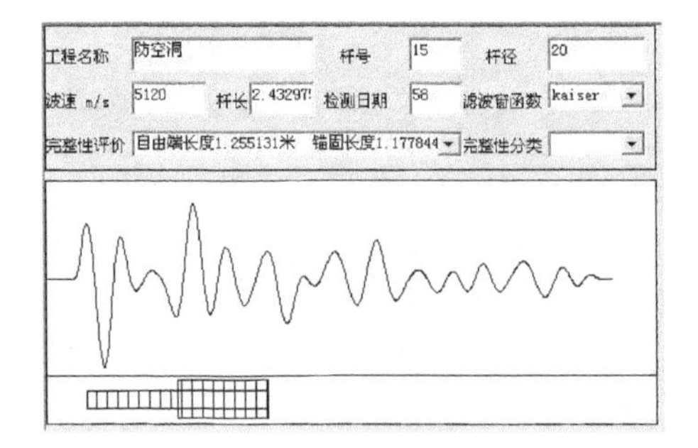

图 7-23 15# 锚杆

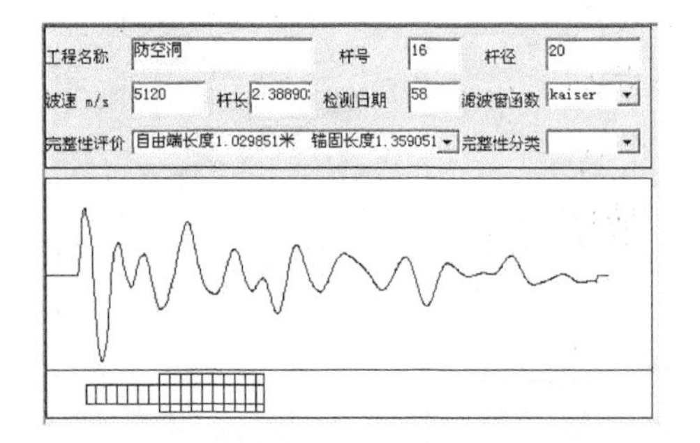

图 7-24 16# 锚杆

表 7-1　防空洞内锚杆无损检测数据分析表

编号	直径×长度/mm	孔深/mm	药卷长度/m	非锚固长度/m	动测锚固长度/m	实际锚固长度/m	锚固长度检测误差	备注
1	20×2 005	1 890	0.7	1.32	0.92	0.685	34%	
2	20×2 400	2 320	0.7	1.07	0.71	0.50	40%	失效
3	20×2 000	1 950	1.2	0.93	1.31	1.07	22%	
4	20×1 990	1 915	0.7	1.29	0.89	0.70	27%	
5	20×2 012	1 950	0.5	1.48	0.48	0.532	10%	
6	20×1 998	1 950	0.7	1.27	0.72	0.728	1%	
7	20×2 395	2 315	0.7	1.67	0.92	0.725	27%	
8	20×1 800	1 710	1.0	1.08	0.82	0.72	14%	
9	20×2 000	1 845	0.7	1.36	0.63	0.64	2%	
10	20×1 800	1 730	0.7	1.30	0.57	0.50	14%	
11	20×2 205	2 130	0.7	1.59	0.74	0.615	20%	
12	20×2 200	2 110	1.2	1.17	1.45	1.03	41%	
13	20×2 400	2 280	1.4	1.17	1.49	1.23	21%	
14	20×2 400	2 290	1.4	0.95	1.53	1.45	6%	
15	20×2 402	2 250	1.4	1.26	1.18	1.142	3%	
16	20×2 405	2 270	1.4	1.03	1.36	1.375	1%	

注：1. 锚杆孔径 29 mm，药卷长度 0.5 m 对应的理论计算锚固长度为 0.6 m；药卷长度 0.7 m 对应的理论计算锚固长度为 0.84 m；药卷长度 1.2 m 对应的理论计算锚固长度为 1.44 m；药卷长度 1.4 m 对应的理论计算锚固长度为 1.68 m。

2. 动测的锚固长度为锚固开始位置反相反射波与锚固结束位置同相反射波间历时乘以按式(3-73)估算的波速求得，也即未考虑围岩的影响。

从图 7-9～图 7-24 及表 7-1 可以看出，利用该无损检测技术进行非锚固段长度检测是切实可行的，但对于锚固长度的检测，由于围岩对树脂锚固体的包裹作用，影响树脂锚固体波速的精确计算(在第三章已进行过较详细的分析)，检测精度较低。因此，应在以后的检测中，针对某一围岩条件，首先测定正常施工情况下的树脂锚固体波速，然后按此波速计算锚固长度，这样，锚固长度的检测精度将大大提高。

二、坨城矿锚杆检测数据及分析

本次现场检测巷道为坨城矿 92101 轨道下山。该处煤层赋存较为稳定，结构复杂，常含夹矸一层，位于煤层中上部，夹矸厚 0.75～5.0 m，平均 1.2 m，煤层总厚度平均 3.2 m，煤层倾角变化较小，在 26°～30°之间。煤层直接顶为砂泥岩，平均厚度 0.56 m，普氏硬度 3～6，其上覆老顶为砂岩，平均厚度 4.03 m，普氏硬度3～8。

在本次检测中，先现场施工 4 根直径为 Φ20 mm、2 根直径为 Φ22 mm 的帮锚杆和 3 根直径为 Φ22 mm 的顶锚杆，施工完半小时后进行检测。检测前先对一根长 2 m、直径为 Φ20 mm 的锚杆杆体进行了动力测试，其动力检测信号如图 7-25 所示，说明波速取 5 120 m/s 是准确的。随后对正常施工后的锚杆进行了检测，其动力检测信号如图 7-26～图 7-35 所示。动力检测信号中杆号分别为 17 及 172 的锚杆为同一根锚杆，只是所施加的预紧力不同，后者大。

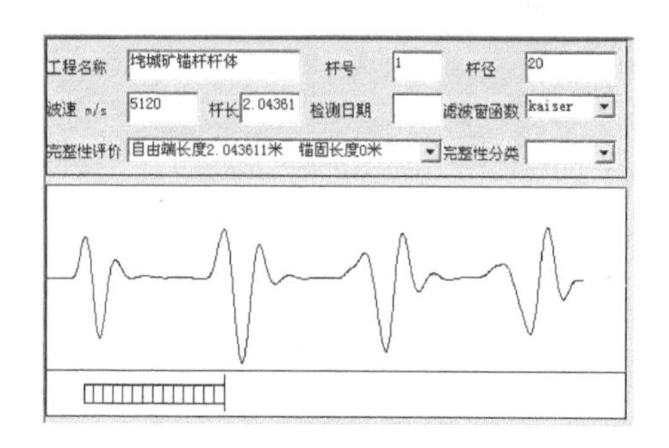

图 7-25 坨城矿未锚固锚杆

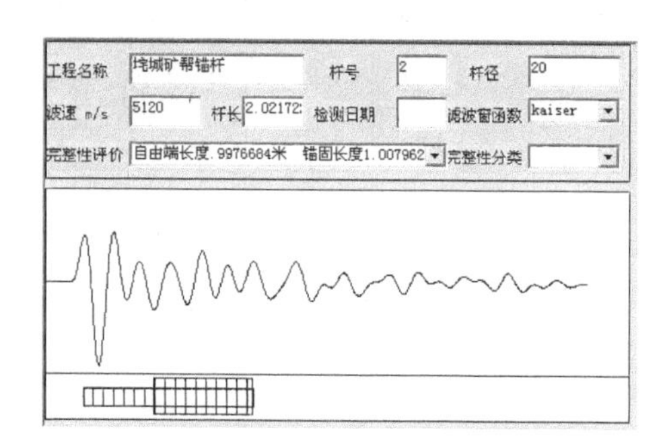

图 7-26 坨城矿 2# 帮锚杆

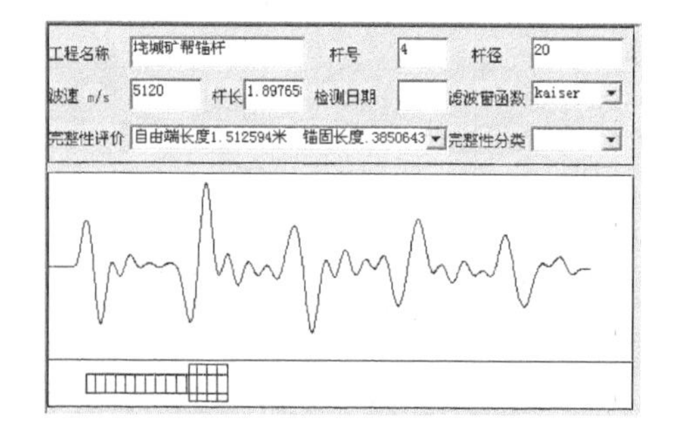

图 7-27 坨城矿 4# 帮锚杆

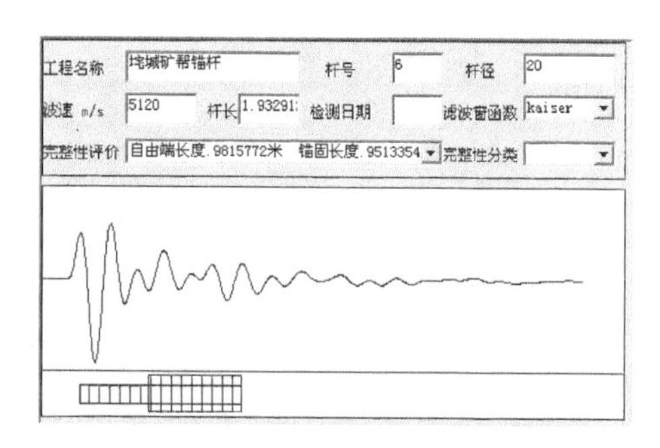

图 7-28 坨城矿 6# 帮锚杆

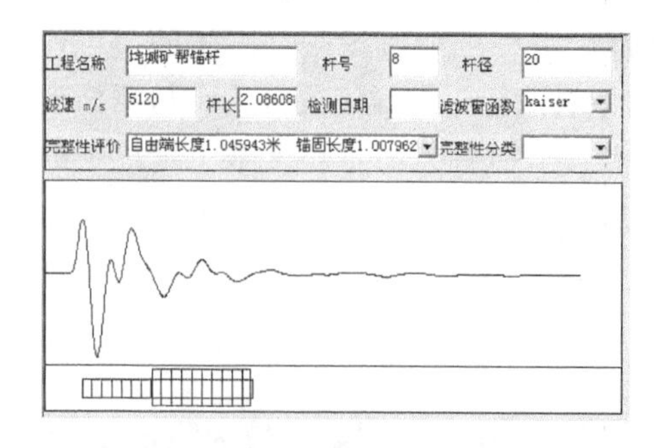

图 7-29 坨城矿 8# 帮锚杆

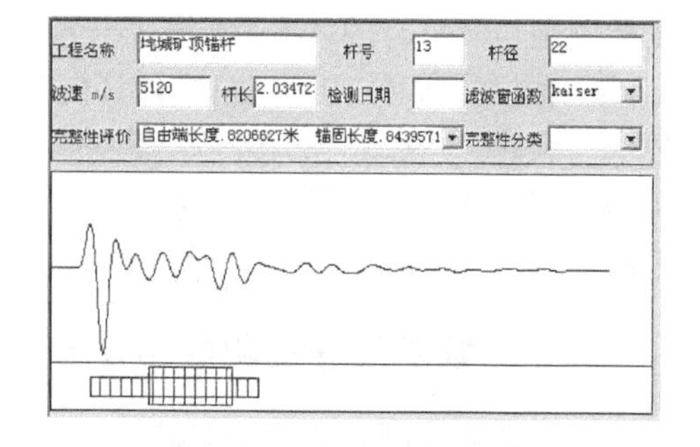

图 7-30 坨城矿 13# 顶锚杆

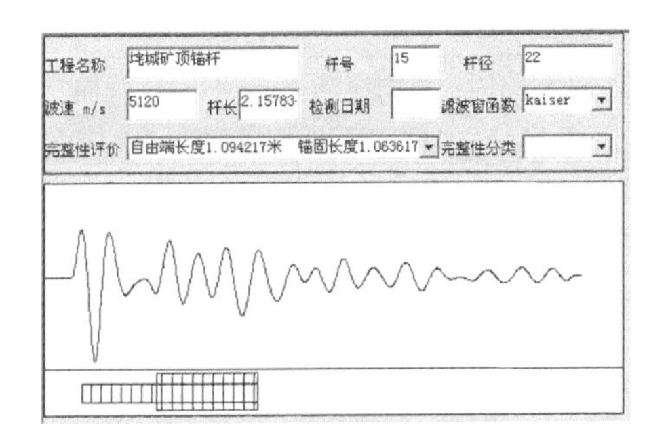

图 7-31 坨城矿 15# 顶锚杆

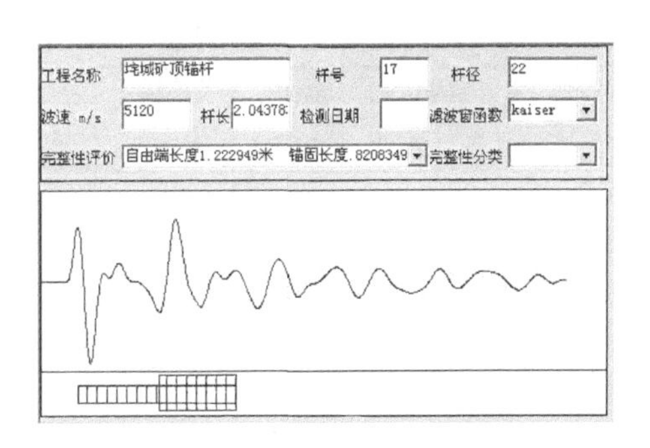

图 7-32 坨城矿 17# 顶锚杆

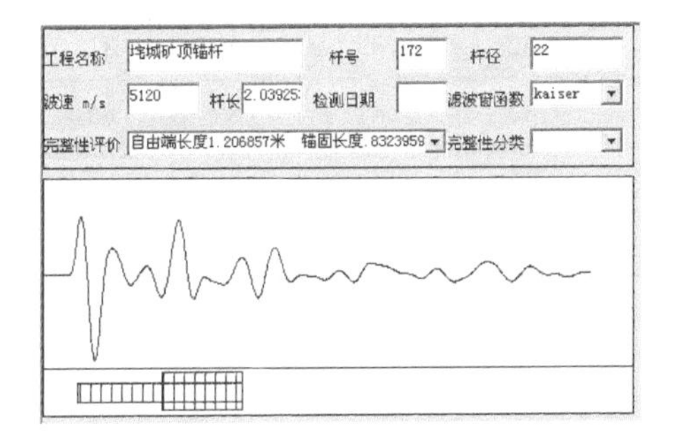

图 7-33 坨城矿 172# 顶锚杆

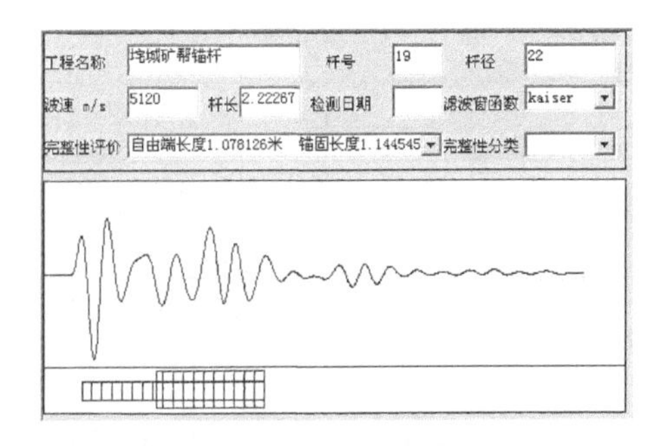

图 7-34 坨城矿 19# 帮锚杆

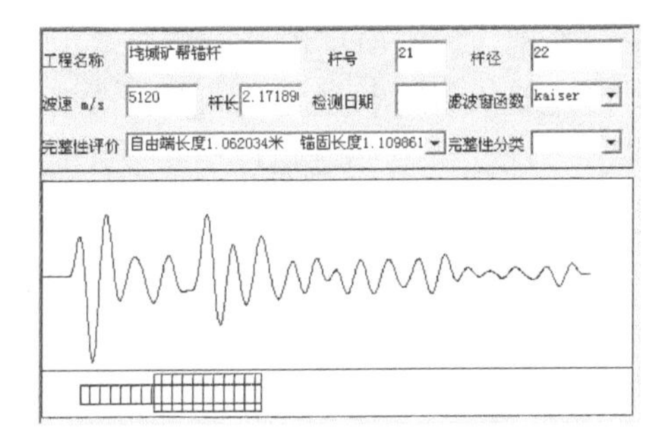

图 7-35 坨城矿 21# 帮锚杆

从图 7-26～图 7-35 以及表 7-2 可以看出，锚杆锚固位置的检测是比较准确的；锚固长度按照考虑了围岩包裹作用的波速计算，其检测精度也是能满足工程要求的。锚杆轴向力的检测精度有待进一步验证，但从工程需求来说，轴向力的检测也是有一定的参考意义的，通过检测，能知道各锚杆受力相对大小。由 17 号锚杆不同受力情况下检测出来的轴向力来看，当监测一根锚杆在不同服务期间内轴向工作载荷的变化情况时，该方法是可行的。

表 7-2 垞城矿锚杆无损检测数据分析表

编号	锚杆长度/m	药卷长度/m	锚固位置/m	实际锚固长度/m	动测锚固长度/m	横向振动频率/Hz	频率阶数	轴向力/kN
2	2.0	1.0	1.00	1.00	1.01	538	3	86
4	2.0	0.5	1.51	0.49	0.39	267	3	未受力
6	2.0	1.0	0.98	1.02	0.95	801	4	15
8	2.0	1.0	1.05	0.95	1.01	734	4	46
13	2.18	1.0	0.82	1.00	1.11	411	2	73
15	2.18	1.0	1.09	1.09	1.06	252	2	67
17	2.18	1.0	1.22	0.96	0.82	185	2	31
172	2.18	1.0	1.21	0.97	0.83	382	3	62
19	2.18	1.0	1.08	1.12	1.14	465	3	56
21	2.18	1.0	1.06	1.12	1.11	556	3	60

注:实际锚固长度是由锚杆长度减锚固位置求得;动测的锚固长度是按杆体和树脂(未考虑围岩锚固效应)复合体波速的 0.75 倍求得。

三、济三矿锚杆检测数据及分析

济三煤矿是兖州矿业集团在济东煤田开发建设的最后一对矿井,设计原煤生产能力 5.0 Mt/a,服务年限 81 a。本项目现场检测巷道为 $63_{下}04$ 辅助运输顺槽(南),沿 $3_{下}$煤层底板施工,巷道设计总长度约 706.376 m(平距),其中联络巷长度 10.465 m,掘进总工程量 9 853.9 m^3。该巷道位于六采区的中西部,东西大巷的北侧,东临 $63_{下}03$ 工作面(已回采完毕),西临 $63_{下}05$ 工作面(尚未回采),北至 $63_{下}04$ 辅顺(北)停头位置,南部开口于 $63_{下}03$ 胶顺,开门点距西部回风巷 164.188 m。$63_{下}04$ 辅顺(南)与 $63_{下}03$ 工作面采空区的保护煤柱 3.2 m,$63_{下}03$ 工作面于 2006 年 4 月 19 日停采,2006 年 5 月 20 日撤完。该巷道地表相对位置在工业广场西北部,南阳湖堤的东北侧。

$3_{下}$煤层埋藏深度为 700 m,煤层厚度为 2.9～5.8 m,平均厚度为 3.30 m,普氏硬度 1～3,煤层倾角一般为 2°～7°,煤体容重为 1.35 t/m^3。$3_{下}$煤层直接顶为粉砂岩,厚度在 0～13.75 m,平均厚度 2.36 m,灰-深灰色,较致密,坚硬,波状层裂隙发育。含星点状黄铁矿晶粒,f=4～6;其上覆老顶为中砂岩,厚度在 7.83～27.45 m,平均厚度 20.51 m,灰绿-灰白色,泥质胶结,厚层状、遇水易风化,较致密坚硬,f=8～10;直接底为泥岩,厚度在 0～3.20 m,浅灰色,具滑感,遇水膨胀易风化,含植物化石碎片,f=2～4。

$63_{下}04$ 辅顺的正常断面永久设计为锚网梯、锚索联合支护。顶部使用 Φ22 mm×2 200 mm 左旋无纵筋高强度螺纹钢树脂锚杆、锚固剂使用 2 支 K2340 和 1

支 CK2340 树脂药卷；帮部使用 Φ20 mm×1 800 mm 左旋无纵筋高强度螺纹钢树脂锚杆，锚固剂使用 1 支 K2340 和 1 支 CK2340 树脂药卷。顶部使用长×宽＝1.0 m×5 m 菱形网、帮部使用长×宽＝1.0 m×2.5 m 菱形网，配合 Φ10 mm×70 mm×4 050 mm（顶部）、Φ10 mm×70 mm×2 450 mm（帮部）钢筋梯支护，锚杆间排距顶帮均为 800 mm×800 mm。网要压茬连接，搭接长度不小于 50 mm，紧贴煤壁有一定涨紧力，相邻两块网之间要用 12# 铁丝双股帮扎连接，拧紧 2.5 扣以上，连接点要均匀布置，间距 200 mm；锚杆托盘压紧钢筋梯、钢筋梯压住经纬网，保证托盘、经纬网、钢筋梯紧密连接，锚杆严格按设计间排距施工并打在钢筋梯孔内，特殊断面的支护材料用正常断面材料搭接压茬使用。

在本次检测中，主要对施工 3 个月以上的直径为 Φ20 mm 的帮锚杆及 Φ22 mm 的顶锚杆进行锚杆无损检测，探讨掘进动压对成巷后锚杆检测的影响，其动力检测信号如图 7-36～图 7-43 所示。从检测信号看出，经过动压影响的巷道锚杆同样可以进行无损检测。

从图 7-36～图 7-43 以及表 7-3 同样可以看出，锚杆锚固位置和锚固长度的检测精度也是能满足工程要求的；帮锚杆的锚固长度检测精度明显高于顶锚杆，说明锚固体波速受围岩条件影响，在今后的检测中，应根据具体围岩条件确定树脂锚固体波速。现场检测时，我们对一托板里围岩变形较大（托板挤进岩壁）的 31# 锚杆和一根未受力的 35# 锚杆进行了无损受力检测，从表 7-3 可以看出，检测的横向振动频率和轴向力有明显的差值，说明从工程需求来说，轴向力的检测也是有一定的参考意义的。

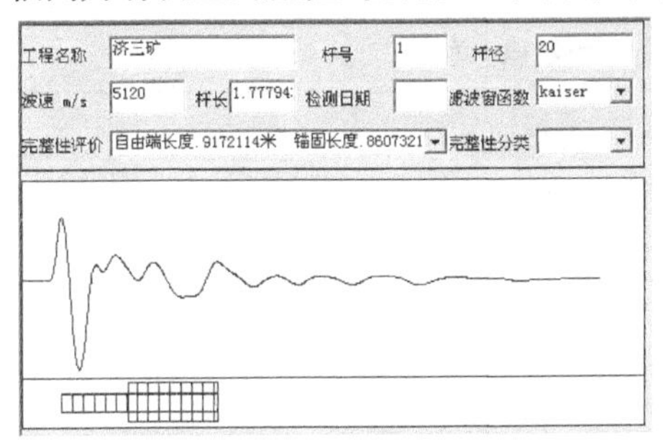

图 7-36　济三矿 1# 帮锚杆

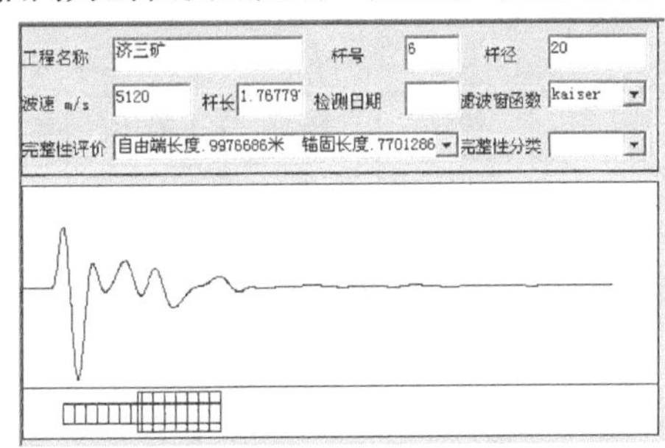

图 7-37　济三矿 6# 帮锚杆

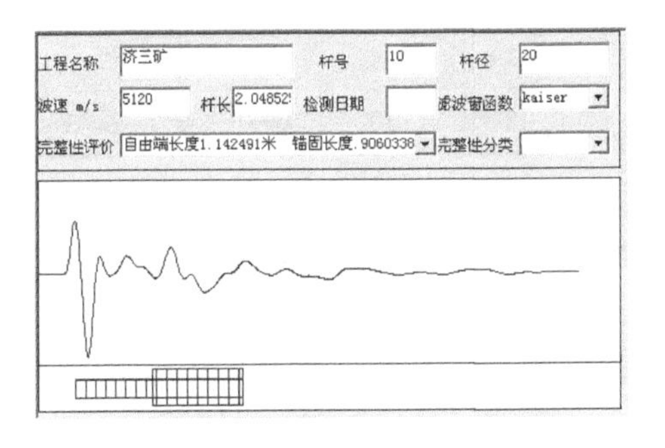

图 7-38　济三矿 10# 帮锚杆

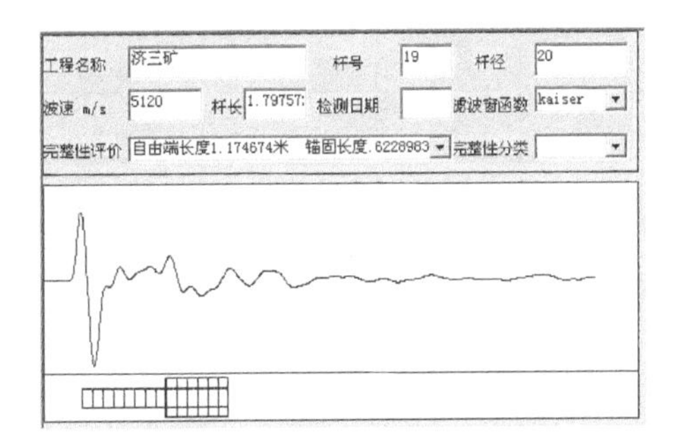

图 7-39　济三矿 19# 帮锚杆

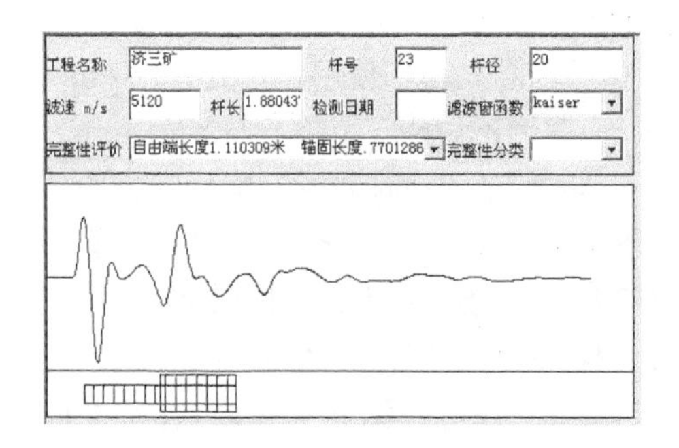

图 7-40　23# 济三矿帮锚杆

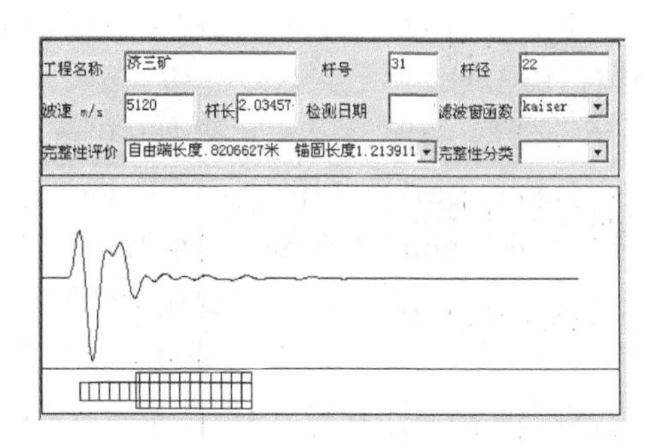

图 7-41　31# 济三矿顶锚杆

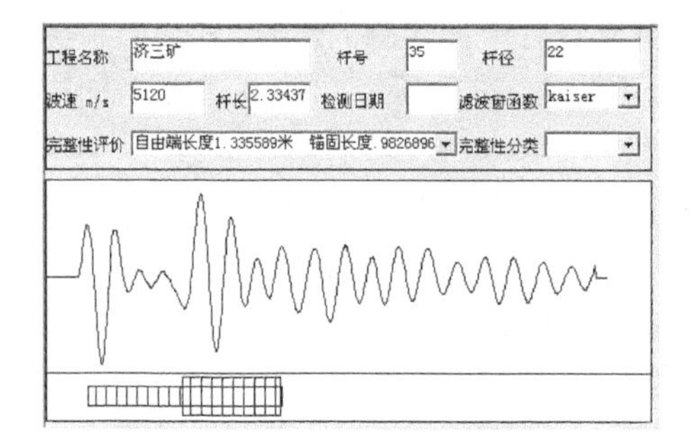

图 7-42　35# 济三矿顶锚杆

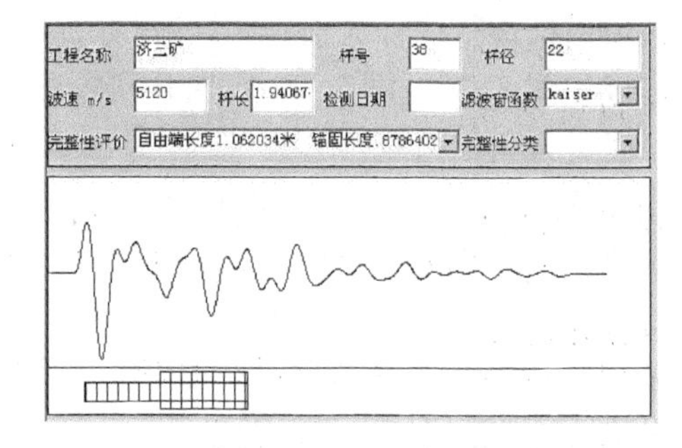

图 7-43　济三矿 38# 顶锚杆

表 7-3　济三矿锚杆无损检测数据分析表

编　号	锚杆长度/m	药卷长度/m	锚固位置/m	实际锚固长度/m	动测锚固长度/m	横向振动频率/Hz	频率阶数	轴向力/kN
1	1.8	0.8	0.92	0.88	0.86	565	3	45
6	1.8	0.8	1.00	0.80	0.77	808	4	56
10	1.8	0.8	1.14	0.66	0.91	622	4	52
19	1.8	0.8	1.18	0.62	0.62	564	4	26
23	1.8	0.8	1.11	0.69	0.77	648	4	39
31	2.2	1.2	0.82	1.38	1.21	784	3	87
35	2.2	1.2	1.34	0.86	0.98	170	锚杆未受力,失效	
38	2.2	1.2	1.06	1.14	0.88	761	4	41

注:实际锚固长度是由锚杆长度减锚固位置求得;动测的锚固长度是按杆体和树脂(未考虑围岩锚固效应)复合体波速的 0.75 倍求得。

参考文献

[1] 方良才.淮南矿区锚网支护技术应用与思考[J].矿山压力与顶板管理,2005(4):29-30.

[2] 温福平,王希明.一起锚网支护巷道顶板事故的分析与对策[J].煤矿现代化,2004(5):44-45.

[3] 杨恒.从排放瓦斯巷道冒顶事故分析锚网支护工艺[J].中州煤炭,2002(5):42-43.

[4] 黄超,章烈敏.一起典型煤锚巷道冒顶的调查[J].矿山压力与顶板管理,2004(4):88-90.

[5] 闫振东,程建祯.煤巷锚杆支护冒顶原因分析及其对策[J].煤炭科学技术,2004,32(7):32-35.

[6] 杨彦群.煤巷锚杆支护顶板冒落的原因分析[J].西山科技,2002(6):35-37.

[7] 中国岩石力学与工程学会岩石锚固与注浆技术专业委员会.锚固与注浆技术手册[M].北京:中国电力出版社,1999.

[8] 孙晓明,杨军,郭志飚.深部软岩巷道耦合支护关键技术研究[J].煤矿支护,2009(1):17-22.

[9] 何满潮,高尔新.软岩巷道耦合支护力学原理及其应用[J].锚杆支护,1997(4):17-22.

[10] 何满潮,袁和生,靖洪文,等.中国煤矿锚杆支护理论与实践[M].北京:科学出版社,2004:398-428.

[11] 陆士良,汤雷,杨新安.锚杆锚固力与锚固技术[M].北京:煤炭工业出版社,1998.

[12] 陈波,鲁永康,郭玉,等.电磁法检测锚固质量初探[J].工程地球物理学报,2004,1(4):336-339.

[13] Thurner H F. Boltometer-instrument for non-destructive testing of grouted rock bolts[C]. 2nd International Symposium on Field Measurements in Geomachanics,1988:135-143.

[14] Sten G A Bergman, Norbert K, Juri M, et al. Nondestructive field test of Cman-grounted bolts with the boltometer[C]. Proceedings of the 5th International Congress on Rock Mechanics, 1983, 1:171-181.

[15] 汪明武,王鹤龄.无损检测锚杆锚固质量的现场试验研究[J].水文地质工程地质,1998,25(1):56-58.

[16] Steblay B J. Reflected stress waves indicates poor bonding of resin grouted bolts[J]. Coal age，1985，(5)：87.

[17] Steblay B J. New instrumentation for roof bolt load measurement[J]. IEEE Transactions on Industry Application，1987，23(4)：731-735.

[18] Tadolini S C. Evaluation of ultrasonic measurement systems for bolt load determinations[R]. The US Bureau of Mines，Denver，CO. 1990.

[19] Tadolini S C，Dyni R C. Transfer mechanics of full-column resin-grouted roof bolts[R]. The US Bureau of Mines，Denver，CO. 1990.

[20] Singner S P. Field verification of load transfer mechanics of fully grouted roof bolts[R]. The US Bureau of Mines，Denver，CO. 1990.

[21] S C塔多利尼，阚世喆. 锚杆的扭矩-张力比例对顶板锚杆系统的影响力[J]. 国外金属矿山，1992，(6)：59-64.

[22] Beard M D，Lowe M J S. Non-destructive testing of rock bolts using guided ultrasonic waves[J]. International Journal of Rock Mechanics and Mining Sciences & Geomechanics Abstracts，2003，40 (4)：527-536.

[23] Beard M D. Guided wave inspection of embedded cylindrical structures[D]. London：University of London，2002.

[24] Beard M D，Lowe M J S，Cawley P. Development of a guided wave inspection technique for rock bolts[J]. Insight：Non-Destructive Testing and Condition Monitoring，2002，44(1)：19-24.

[25] Rodger A A，Littlejohn G S，Xu H，et al. Instrumentation for monitoring the dynamic and static behavior of rock bolts in tunnels[J]. Geotechnical Engineering，1996，119(3)：146-155.

[26] Rodger A A，Milne G D，Littlejohn G S. Condition monitoring and integrity assessment of rock anchorages[C]. Proc. Int. Conf. on Ground Anchorages and Anchorage Structures，Institution of Civil Engineers，Thomas Telford，London，1997：343-352.

[27] Neilson R D，Ivanovic A，Starkey A J，et al. Design and dynamic analysis of a pneumatic impulse generating device for the non-destructive testing of ground anchorages[J]. Mechanical Systems and Signal Processing，2007，21(6)：1-23.

[28] Neilson R D，Ivanovic A，Starkey A J，et al. Quality control in rockbolt installation[C]. Proceedings of the 5th International Conference on Quality，Reliability，and Maintenance，2004：79-82.

[29] Starkey A，Ivanovic A，Neilson R D，et al. Non-destructive testing of ground anchorages using the GRANIT technique[C]. Proceedings of the

Sixth International Conference on the Application of Artificial Intelligence to Civil and Structural Engineering, 2001: 79-80.

[30] Starkey A, Ivanovic A, Neilson R D, et al. Using a lumped parameter dynamic model of a rock bolt to produce training data for a neural network for diagnosis of real data[J]. Meccanica, 2003, 38(1): 131-142.

[31] Starkey A, Ivanovic A, Neilson R D, et al. Use of neural networks in the condition monitoring of ground anchorages[J]. Advances in Engineering Software,2003,34(11): 753-761.

[32] Vrkljan I, Szavits A, Kovacevic M S. Non-destructive procedure for testing grouting quality of rock anchors[C]. Proceedings of the Congress of the International Society for Rock Mechanics, 1999: 1475-1478.

[33] Agnew G D. An investigation of methods for producing a non-destructive grouted tendon tester[R]. Johannesburg: University of Witwatersrand, 1990.

[34] 汪明武,王鹤龄,罗国煜. 锚杆锚固质量无损检测的研究[J]. 工程地质学报,1999,7(1):72-76.

[35] 汪明武,王鹤龄. 声频应力波在锚杆锚固状态检测中的应用[J]. 地质与勘探,1998,34(4):54-57.

[36] 夏代林. 锚杆锚固质量快速无损检测技术研究[D]. 焦作:焦作工学院,2000.

[37] 王成,恽寿榕,李义. 锚杆-锚固介质-围岩系统瞬态激励的响应分析[J]. 太原理工大学学报,2000,31(6):658-651.

[38] 朱国维,彭苏萍,王怀秀. 高频应力波检测锚固密实状况的试验研究[J]. 岩土力学,2002,23(6):787-791.

[39] 汪天翼,王法刚,肖国强. 水工工程锚杆注浆密实度无损检测试验及工程应用[J]. 岩土工程界,2004,7(6):87-90.

[40] 汪天翼,肖国强,成传欢. 声频应力波法检测水布垭工程锚杆施工质量[J]. 长江科学院院报,2004,21(4):22-24.

[41] 邬钢,舒志平,唐齐许. 锚杆质量无损检测技术在龙滩水电站的应用[J]. 水力发电,2003,29(10):75-77.

[42] 皮开荣,龙通成,尹学林. 锚杆检测技术在某水电工程中的应用[J]. 物探装备,2005,15(2):132-135.

[43] 许明,张永兴. 锚杆低应变动测的数值研究[J]. 岩石力学与工程学报,2003,22(9):1538-1541.

[44] 杨湖,王成. 弹性波在锚杆锚固体系中传播规律的研究[J]. 测试技术学报,2003,17(2):145-149.

[45] 杨湖,王成. 锚杆围岩系统数学模型的建立及动态响应分析[J]. 测试技术学

报,2002,16(1):41-44.

[46] 许明,张永兴,李燕.锚杆动测问题的解析解[J].重庆建筑大学学报,2003,25(2):48-51.

[47] 刘海峰,王珍,倪晓,等.锚杆在锚固状态下纵向振动规律研究[J].矿山压力与顶板管理,2004,21(4):78-81.

[48] 王富春,李义,孟波.动测法检测锚杆锚固质量及工作状态的理论及应用[J].太原理工大学学报,2002,33(2):169-172.

[49] Tannant D D, Brummer R K. Rockbolt behaviour under dynamic loading: Field tests and modeling[J]. Int. J. Rock Mech. Science & Geomechanics Abstr., 1995, 32(6): 537-550.

[50] Ivanovic A, Neilson R D, Rodger A A. Influence of prestress on the dynamic response of ground anchorages[J]. Journal of Geotechnical and Geoenvironmental Engineering, 2002, 128(3): 237-249.

[51] Ivanovic A, Neilson R D, Rodger A A. Lumped parameter modeling of single-tendon ground anchorage systems[J]. Geotechnical Engineering, 2001, 149(2): 103-113.

[52] Ivanovic A, Starkey A, Neilson R D, et al. The influence of load on the frequency response of rock bolt anchorage[J]. Advances in Engineering Software, 2003, 34(11-12): 697-705.

[53] Yi Xiaoping, Kaiser P K. Elastic stress waves in rockbolts subject to impact loading[J]. International Journal for Numerical and Analytical Methods in Geomechanics,1994, 18(2): 121-131.

[54] Yi X, Kaiser P K. Impact testing for rockbolt design in rockburst conditions [J]. International Journal of Rock Mechanics and Mining Sciences & Geomechanics Abstracts, 1994, 31(6): 671-685.

[55] Connolly E F. Finite element modeling and parametric study of resin bonded rock anchorage system[D]. Aberdeen: University of Aberdeen, 1998.

[56] Rongxin S, Otuonye F. Effects of torque on the transverse vibration frequency of a point-anchored bolt[J]. Journal of Sound and Vibration, 1996, 189(4): 535-542.

[57] Zou D H, Cui Y, Madenga V, et al. Effects of frequency and grouted length on the behavior of guided ultrasonic waves in rock bolts[J]. International Journal of Rock Mechanics & Mining Sciences, 2007, 44(6).

[58] Madenga V, Zou D H, Zhang C. Effects of curing time and frequency on ultrasonic wave velocity in grouted rock bolts[J]. Journal of Applied Geophysics, 2006, 59(1): 79-87.

[59] 林华长,王成,宁建国,等. 金属杆锚固系统在瞬态激励下的动态响应[J]. 力学与实践,2005,27(5):39-42.

[60] 王成,魏立尧,宁建国. 金属杆锚固系统中导波传播特性的试验研究[J]. 无损检测,2006,28(4):169-176.

[61] 魏立尧,王成,孙远翔,等. 锚固金属杆复合结构中轴对称导波的频散方程[J]. 测试技术学报,2006,20(3):223-229.

[62] 魏立尧,王成,孙远翔,等. 导波在锚固金属杆中传播机理的研究[J]. 岩土工程学报,2005,27(12):1437-1441.

[63] 高国付. 基于特征锚杆工作载荷无损检测的巷道围岩稳定性评估[D]. 太原:太原理工大学,2004.

[64] 钟宏伟,胡祥云,章成广. 基于柱状多层介质模型的锚杆锚固质量声波检测理论正演研究[J]. 工程地球物理学报,2005,2(2):114-118.

[65] 刘德顺,李夕兵. 冲击机械系统动力学[M]. 北京:科学出版社,1999:51-56.

[66] 陈久照,苏键. 基桩反射波法力锤性能研究[J]. 广东土木与建筑,2001,(7):41-45.

[67] 王雪峰,张岚,吴世明. 基桩完整性检测中的振源特性分析[J]. 工程勘察,2000,(6):32-34.

[68] 王雪峰,吴世明. 反射波法动测桩中的频响问题[J]. 工程质量,2000,(2):20-22.

[69] Starkey A, Penman J, Rodger A A. Condition monitoring of ground anchorage systems using an artificial neural network[C]. Proceedings of COMADEM'98, 1998(2): 793-802.

[70] Starkey A, Penman J, Rodger A A. Condition monitoring of ground anchorages using an artificial neural network and wavelet techniques[M]. Applications and Innovations in Intelligent Systems Ⅶ, 2000: 283-290.

[71] Starkey A, Ivanovic A, Neilson R D, et al. Using a mathematical model of a rock bolt to produce training data for a neural network for diagnosis of real data[J]. Euromech 425, Nonlinear Dynamics, Control and Condition Monitoring, Aberdeen, UK, 2001: 55.

[72] 许明,张永兴. 锚固系统质量检测的小波分析方法[J]. 岩土力学,2003,24(2):262-265.

[73] 汪明武,罗国煜,王鹤龄. 应力波无损检测锚固质量的 BP 网络分析[J]. 水文地质工程地质,1999,26(2):50-52.

[74] 孙国,李桂华,顾元宪. 基于小波包分解的应力波无损检测分析方法[J]. 振动工程学报,2002,15(4):488-491.

[75] 王军民,陈义群,陈华. 高速公路锚杆锚固质量无损检测技术研究[J]. 地球物

理学进展,2004,19(4):782-785.
[76] 应怀樵.波形和频谱分析与随机数据处理[M].北京:中国铁道出版社,1983.
[77] 付丽琴,桂志国,王黎明.数字信号处理原理及实现[M].北京:国防工业出版社,2004.
[78] 刘进明,应怀樵.FFT 谱连续细化分析的傅立叶变换法[J].振动工程学报,1995,8(2):162-166.
[79] 陈炎光,陆士良.中国煤矿巷道围岩控制[M].徐州:中国矿业大学出版社,1994:310-332.
[80] 刘世清.杆的横向尺寸对其纵向共振频率的影响[J].广西物理,2000,24(4):18-20.
[81] 王礼立.应力波基础(第 2 版)[M].北京:国防工业出版社,2005:245-250.
[82] 杨桂通,张善元.弹性动力学[M].北京:中国铁道出版社,1988:153-260.
[83] 刘东甲.完整桩瞬态纵向振动的模拟计算[J].合肥工业大学学报(自然科学版),2000,28(5):683-687.
[84] 周培基,A K 霍普肯斯.材料对强冲击载荷的动态响应[M].北京:科学出版社,1985:52-57.
[85] LS-DYNA KEYWORD User's Guide. May, 1999, Livermore Software Technology Corporation.
[86] LS-DYNA User's Guide. May, 1999, Livermore Software Technology Corporation.
[87] ANSYS/LS-DYNA 中国技术支持中心. NSYS/LS-DYNA 算法基础和使用方法.1999.
[88] 黄菊花,夏土根.波动有限元问题的求解策略[J].南昌大学学报(工科版),1999,21(1):2-6.
[89] 尚晓江,苏建宇,等. ANSYS/LS-DYNA 动力分析方法与工程实例[M].北京:中国水利水电出版社,2006:55-61.
[90] 徐纪成.用等径冲击获取不同加载应力波波形的新方法[J].矿冶工程,1998,18(2):5-8.
[91] 杜庆华,余寿文,姚振汉.弹性理论[M].北京:科学出版社,1986:284-320.
[92] 周立功. ARM 嵌入式系统基础教程[M].北京:北京航空航天大学出版社,2005.
[93] 付丽琴,桂志国,王黎明.数字信号处理原理及实现[M].北京:国防工业出版社,2004.
[94] 杜春雷,孙会莲.如何使用 Visual Basic 6.0 中文版[M].北京:机械工业出版社,2000.
[95] 飞思科技产品研发中心. MATLAB 6.5 应用接口编程[M].北京:电子工业出版社,2003.

[96] 卢秋蓝. VB 与 MATLAB 混合编程的研究[J]. 计算机仿真,2003,20(12):115-117.
[97] 黄颖. 应用 VB 和 MATCOM 开发数据采集分析系统[J]. 湖南电力,2002,20(3):18-20.
[98] 杨莉. 一种高效融合 MATLAB 与 VB 的编程技术[J]. 信息与电子工程,2003,1(3):64-66.
[99] 徐长发,李国宽. 实用小波方法[M]. 武汉:华中科技大学出版社,2001.
[100] 秦前清,杨宗凯. 实用小波分析[M]. 西安:西安电子科技大学出版社,1992.
[101] 裴正林. 桩基质量检测数据的多分辨分析[J]. 勘察科学技术,1998(6):54-60.
[102] 康维新. 基于小波分析的桩基础完整性的检测[J]. 电子测量与仪器学报,2002,16(2):13-25.
[103] 王靖涛. 桩基应力波检测的小波分析[J]. 中国科学 E 辑:技术科学,2003,33(1):91-96.
[104] 成礼智,王红霞,罗永. 小波的理论与应用[M]. 北京:科学出版社,2004.
[105] 季忠,秦树人,彭承琳. 基于连续小波变换的心电信号特征提取及其仪器实现[J]. 生物医学工程学杂志,2006,23(6):1186-1190.
[106] 李喜孟,林莉,聂颖. 薄层结构超声信号的小波分析[J]. 无损探伤,2006,30(4):53-56.
[107] 王立国,吴猛,韩光信. 基于连续小波变换极值点进行故障检测的研究[J]. 吉林化工学院学报,2002,19(2):51-53.
[108] 朱忠奎,顾军,芮延年,等. 基于连续小波和统计检验的瞬态成分检测与应用[J]. 振动工程学报,2006,19(4):559-565.
[109] 李辉,张安,徐琦,等. 连续小波变换在传感器故障诊断中的应用[J]. 传感技术学报,2005,18(4):777-781.
[110] Jing Lin. Feature extraction based on morlet wavelet and its application for mechanical fault diagnosis[J]. Journal of Sound and Vibration, 2000, 234(1):135-148.
[111] 飞思科技产品研发中心. MATLAB 6.5 辅助小波分析与应用[M]. 北京:电子工业出版社,2003.
[112] 胡广书. 现代信号处理教程[M]. 北京:清华大学出版社,2004.
[113] Mallat Stephance, Hwang Wenliang. Singularity detection and processing with wavelets[J]. IEEE Transactions on Information Theory, 1992, 38(2): 617-643.